Herausgeber:	Georg Müller, Zürich	Texte:	Dr. Albert Gyr, Fällanden
Graphische			Georg Müller, Zürich
Gestaltung:	Christian Rentschler, Hausen a.A.		André Suter, Küsnacht
Photos:	Eduard Widmer, Zürich		sowie Beiträge von:
Einzelne			Dr. Kaspar Appenzeller, St. Moritz
Bildbeiträge:	Michael Brons		Hans Denzler, Maugwil
	Seiten 174/177/178/179/181/		Christine Marte, Zürich
	182/183/187/190		Prof. Dr. Maurice Martin, Zürich
	Pierre Crettaz	Illustrationen:	Markus Rigert, Winterthur
	Seiten 106/107		Nikolaus Schwabe, Zürich
	Georg Gerster		Johannes Peter Staub, Zürich
	Seite 8	Satz:	Typopress Zürich AG, Zürich
	Karl Hofer	Lithos:	Cliché + Litho AG, Zürich
	Seiten 19/69/99, Bild 3/116/	Druck:	Offset + Buchdruck AG, Zürich
	143, Bild 4	Buchbinder:	GEWO AG, Zürich
	Hans Hunziker	Copyright:	©1984 by Zürcher Forum,
	Seite 51		Gemeindestrasse 48, 8032 Zürich
	Nikolaus Schwabe		Alle Rechte vorbehalten; Nach-
	Seiten 105/110/132		druck, auch auszugsweise, nur mit
	Niklaus Stauss		schriftlicher Genehmigung
	Seite 131, Bild 5 sowie Umschlag-	Verlag:	Zürcher Forum
	rückseite		ISBN 3 909290 01 9

PHÄNOMENA

Eine Dokumentation zur Ausstellung über Phänomene und Rätsel der Umwelt an der Seepromenade Zürichhorn

12. Mai – 23. Oktober 1984

Inhaltsverzeichnis

	Seite		Seite
Vorwort	3	Photosynthese	148
Das Motiv des Veranstalters	5	Technische Photosynthese	152
Lieber Ausstellungsbesucher	7	Meteorologie	154
Lageplan der Ausstellung	10	Sonnenwarte	156
Ausstellung 1. Teil	12	Bambusturm	158
Grundriss der Hauptzelte mit Objektliste	14	Zur Entstehung der PHÄNOMENA	164
Wasser	16	Bautechnische Aspekte	166
Luft	36	Erste Skizzen zur PHÄNOMENA	168
Sonnenenergie (siehe auch Seite 152/153)	40	Hauptzelte	170
Mechanik	42	Ein Turm aus lauter Bambus	174
Akustik/Harmonik	58	Technische Angaben	181
Mathematik	70	Holzkuppelbau	182
Kristalle	88	Zum Prozess der Ideenfindung	184
Optik	104	Wie die Objekte zustande gekommen sind	186
Objekte im Park	124	Dank nach vielen Seiten	193
Ausstellung 2. Teil	136	Impressum der Ausstellung	194
Illusionen, Harmonograph, Fahrrad auf dem Hochseil	138	Unsere Gönner	196
		Das Zürcher Forum	199
Ausstellung 3. Teil	146	Objektliste aller Bereiche	200

Teilansicht des Spielbereichs, links Bambusturm, flankiert von einem Riesenturner (219), rechts Einblick in das Illusionszelt

Vorwort

Die PHÄNOMENA ist eine in verschiedener Hinsicht aussergewöhnliche Ausstellung. Wohl selten wurde eine Veranstaltung in der Zeit ihres Entstehens von so viel Hoffen und Bangen, Hilfsbereitschaft und Skepsis begleitet. Erst der Eröffnungstag und dann das anhaltend lebhafte Besucherinteresse zeigten, dass sich der enorme Einsatz so vieler Beteiligter in jeder Beziehung gelohnt hat. Für dieses Mal haben die Optimisten recht behalten.

Das Anliegen der PHÄNOMENA ist aktuell, ihre zentrale Thematik entspricht einer zunehmenden Tendenz, sich mit wachen Sinnen und klarem Verstand der Umwelt zuzuwenden. Der Leitgedanke der EXPO 64 «Für die Schweiz von morgen erkennen und schaffen» gilt auch für die PHÄNOMENA. Wer aus der Gegenwart die Zukunft gestalten will, muss die Vergangenheit begreifen und aufarbeiten. Gerade hierzu bietet die PHÄNOMENA, insbesondere was unser physikalisches Weltbild betrifft, eine hervorragende Einstiegsmöglichkeit. Die PHÄNOMENA ist auch eine Umweltschutz-Ausstellung, indem sie das Interesse und die Rücksichtnahme gegenüber den Prozessen und Erscheinungen in der Natur anregt. Der Umweltschutz-Gedanke bleibt kraftlos, wenn diese Voraussetzung nicht gegeben ist.

Ich wünsche der PHÄNOMENA, dass sie durch ihre Originalität und Innovationsfreudigkeit auf die bevorstehende Landesausstellung CH 91 einen positiven Einfluss ausüben möge. Unter den zürcherischen Veranstaltungen, die eine gesamtschweizerische Resonanz, eine Beachtung weit über die Landesgrenzen hinaus gefunden haben, wird sie ihren Platz behaupten.

Zürich, im Herbst 1984

Dr. Thomas Wagner
Stadtpräsident

Das Motiv des Veranstalters

Die rasche Entwicklung unserer Zivilisation und die Umbruchstimmung auf allen Lebensgebieten verleiten gerade in einer Zeit, in der es am nötigsten wäre, den Dingen auf den Grund zu gehen, zu Eile und Oberflächlichkeit. Wer sich ein Weltbild aneignen möchte, muss auch die Gesetzmässigkeiten, die Zusammenhänge und Prozesse in der Natur kennenlernen und begreifen können. Die PHÄNOMENA will ein Brückenschlag sein zum besseren Verständnis einer komplizierter gewordenen Welt. Die Phänomene sind die Fenster, die Brennpunkte der Erscheinungswelt; sich ihnen zuzuwenden und sich an ihnen zu freuen, setzt kein Hochschulwissen voraus.
Die PHÄNOMENA wurde von interessierten Laien geschaffen, aber sie wäre nicht zustande gekommen ohne die grosse Hilfe und Begeisterungsfähigkeit der Fachleute.

1–4 Einblick in die Hauptzelte während des Ausstellungsbetriebes

Lieber Ausstellungsbesucher, lieber Leser

Die PHÄNOMENA möchte Ihnen Erscheinungen und Gesetzmässigkeiten unserer Umwelt nahebringen. Sie ist eine Schule der Beobachtung und Wahrnehmung, die Sie nicht belehren, sondern vielmehr dazu aufmuntern möchte, vor einer komplizierter gewordenen Welt nicht zu resignieren. Wer das Einfache durchschaut, vermag auch schwierigere Zusammenhänge zu begreifen.

Bei allen Errungenschaften des 20. Jahrhunderts haben wir auch Verluste zu verzeichnen; wir haben zum Beispiel verlernt zu staunen. Die PHÄNOMENA möchte ein Ort sein, wo der Besucher wieder staunen kann über Farben, Formen, Bewegungen und Töne – und warum nicht auch über das eigene Vermögen, Wirkungen auf ihre Ursachen zurückzuführen?

Zahlreiche Objekte und Experimente der verschiedensten Wissensgebiete laden Sie ein zur aufmerksamen Auseinandersetzung – ein Abenteuer, durch das sich die Welt um Sie herum in überraschender Weise verändern wird.

Die PHÄNOMENA ist ein Gemeinschaftswerk und Ausdruck eines grossen ideellen Engagements. Die allermeisten Ausstellungsobjekte sind speziell für die PHÄNOMENA entwickelt worden. Ebenso die Ausstellungsbauten und der Bambusturm; sie sind in die Parklandschaft am Zürichhorn so hineinkomponiert, dass die Harmonie dieser Anlage nicht behelligt wird.

Die PHÄNOMENA gliedert sich in drei Bereiche:
– die Abteilung unter den Hauptzelten
– die Objekte ausserhalb der Umzäunung
– den Spielbereich mit Illusionsräumen, Kuppelbau, Sonnenwarte und Bambusturm auf der Blatterwiese.

Die Verweilzeit beträgt einige Stunden, doch sind wir überzeugt, dass Sie sich mit Gewinn eine ganze Woche in der Ausstellung aufhalten können.

Wir wünschen Ihnen einen anregenden Ausstellungsbesuch und freuen uns sehr, wenn dieser für Sie eine persönliche Bereicherung bedeutet.

Georg Müller

Nebenstehendes Bild zeigt einen doppelseitigen Plan- oder Symmetriespiegel (132). Siehe auch Seite 118.

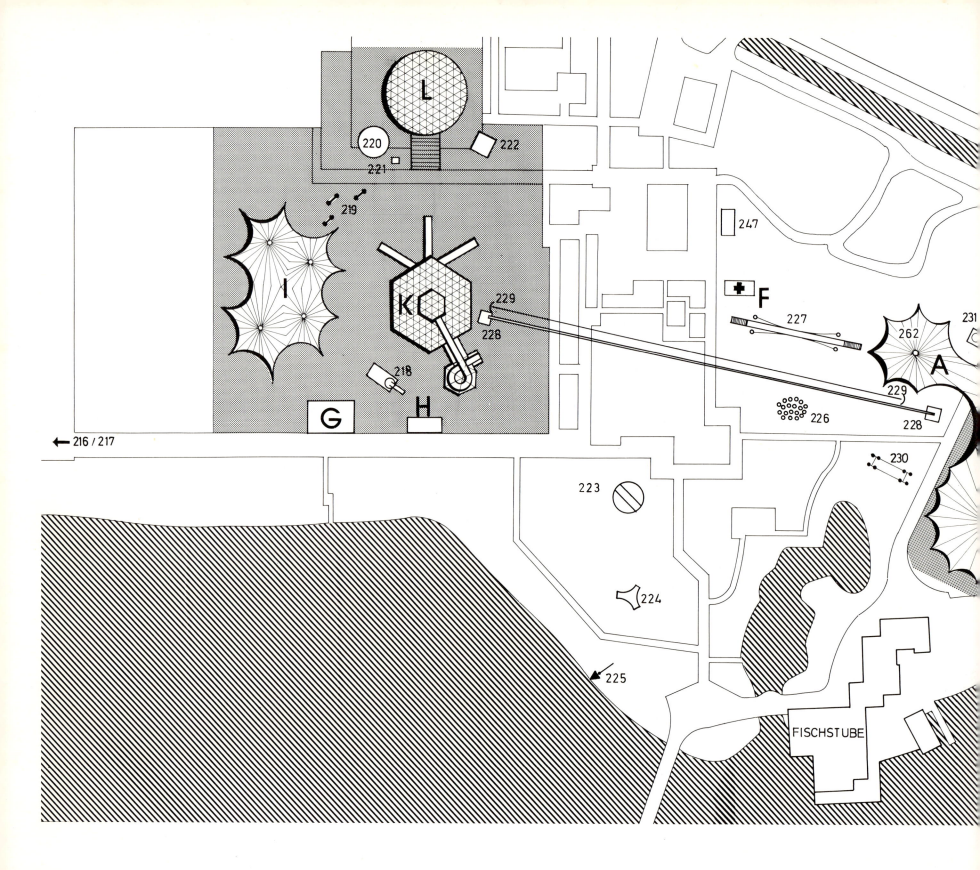

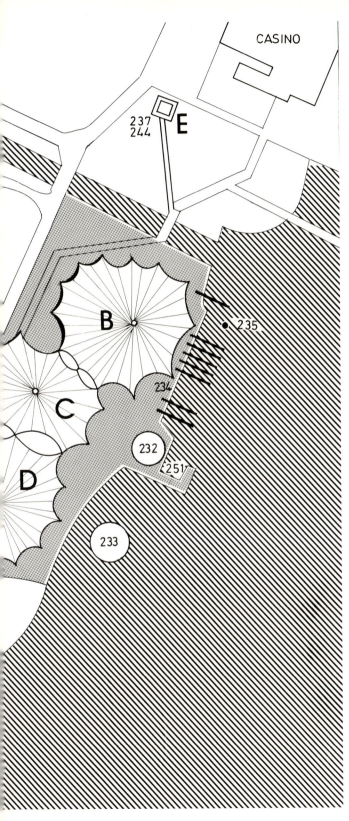

Lageplan der Ausstellung

Ausstellungsbauten

- A Kasse/Kiosk
- B Wasser/Luft/Mechanik
- C Akustik/Harmonik/Mathematik/Kristalle
- D Optik
- E Liftturm (244)
- F Sanität
- G Kasse
- H Bühne
- I Illusionen
- K Bambusturm/Restaurant
- L Photosynthese/Meteorologie

Objekte im Park

		Seite
216	Granit-Pyramide	129
217	Spiegelskulptur	129
218	Elefant	
219	Riesenturner	3
220	Technische Photosynthese	152/153
221	Wetterstation	154
222	Sonnenwarte	156/157
223	Klanggang	129
224	Lehmbogen	126/127
225	Windschnecken	131
226	Stammlabyrinth	133
227	Hängebrücke	133
228	Echorohr	130
229	Zwei grosse Schallspiegel	130
230	Impulsschaukel	128
231	Kugelbrunnen	133
232	Sonnenspiegel – Sonnenmotor	40
233	Wasserglocke	16/19
234	Uferklavier	131
235	Wasserdrucksäule	17
237	Galileische Fallversuche	52
246	Balancierspiele	
247	Bienenwagen	131
251	Savonius-Rotoren	135
252	Cosmobil	133
262	Schadstoffe in der Luft	131

Ausstellung 1. Teil

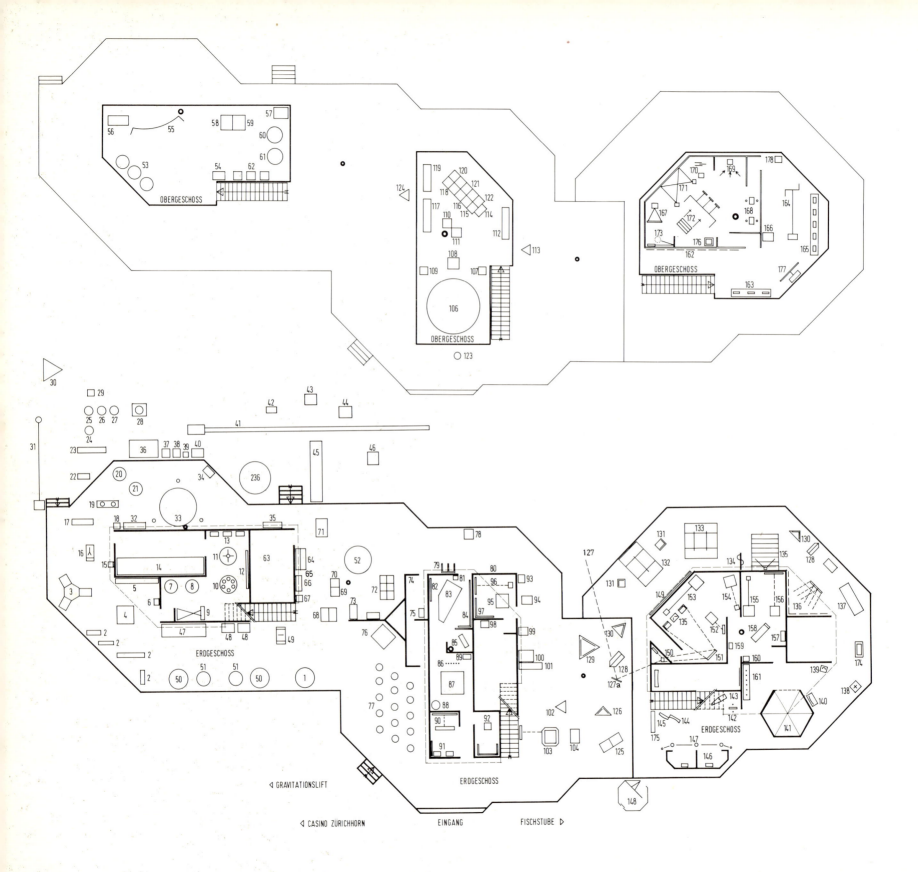

Grundriss der Hauptzelte mit Objektliste

Akustik/Harmonik — Seite

- 88 Chinesische Tempelglocke (Schwingkessel) 66
- 85 Ch'in (chinesisches Saiteninstrument) 64
- 228 Echorohr 130
- 76 Elektrisch erregte Klangbilder 68
- 241 Freihängende Saite 67
- 93 Glocke im Vakuum 66
- 82 Harmonikale Gesetze in der Architektur 64/65
- 86 Helmholtz-Resonatoren 66
- 77 Klangbilder nach Chladni 68/69
- 87 Klingendes Lambdoma 60/61
- 90 Lissajous-Figuren am Monochord mit Laserstrahl 62
- 91 Lissajous-Pendel (Synograph) mit 2 Pendeln 63
- 267 Lissajous-Pendel (Synograph) mit 4 Pendeln
- 78 Lochsirene
- 89 Logarithmisches Lambdoma 62
- 83 Polychord, neunsaitig 65
- 74 Schallarmer Raum 66
- 75 Schallübertragung mit Hohlspiegel 66
- 92 Schwingende Saite mit Drehspiegel 62
- 79 Schwingstäbe
- 242 Tonoskop 68
- 81 Wasserstoffspektrum
- 84 Winkelgeschwindigkeit der Planeten 64
- 229 Zwei grosse Schallspiegel 130

Kristalle — Seite

- 250 Chemische Gärten
- 72 Fliessbilder nach Runge 98/99
- 243 Gesetz der Winkelkonstanz 96
- 99 Kristalle im polarisierten Licht 102/103
- 73 Kristalle unter dem Stereomikroskop
- 67 Kristallisation im Modellversuch 96
- 70 Kristallisation von Jod 97
- 100 Kristallobotanik 101
- 65 Kristallstruktur-Modelle
- 71 Kristallsysteme und Kristallklassen 92/93
- 64 Kristallzüchtung 95/97
- 63 Mineralien (106 Objekte) 88/89
- 66 Optisches Verhalten von Kristall, Keramik und Glas
- 98 Rasterelektronenmikroskop 101
- 69 Schmelzen und Wachsen von Kristallen
- 68 Synthetische Kristalle

Luft — Seite

- 62.5 Auftriebmessung am Tragflügel
- 60 Ball im Luftstrom 38
- 62 Bernoulli-Experimente:
- 62.6 Flettner-Rotor 37
- 62.1 Papierstreifen im Luftstrom 39
- 61 Schnur im Luftstrom 38
- 62.2 Schwebende Scheibe im Luftstrom
- 58 Schwingende Wassersäule, thermisch angeregt
- 62.3 Symmetrische Querschnitte im Luftstrom
- 59 Tönende Luftsäule, thermisch angeregt 39
- 62.4 Tragflügel im Luftstrom 36/37

Mathematik — Seite

- 116 Amerikanischer Zimmermannsknoten
- 108 Archimedische Körper
- 119 Aufwärtsrollender Doppelkegel 45
- 113 Bewegliches Oktaeder 86
- 112 Chronogeometrische Phänomene 77
- 123 Doppelhelix
- 95 Dreiteilung des Winkels 82/83
- 102 Dualitäten-Mobile (Verwandlung von Oktaeder in Würfel)
- 115 Europäischer Zimmermannsknoten
- 121 Flächengleiche Polygone 74
- 104 Kettenlinienbogen 76
- 101 Minimalflächen an Polyedern 87
- 254 Oloid 79
- 109 Pentakis-Dodekaeder
- 107 Platonische Körper
- 122 Pythagoräischer Lehrsatz
- 96 Quadratur des Kreises 82/83
- 80 Schaubilder komplexer Funktionen 84/85
- 124 Schwebende Röhren
- 118 Soma-Würfel
- 105 Sphärisches Dreieck 75
- 106 Spiegeldom 71/73
- 256 Tetraeder, die sich endlos umstülpen lassen
- 111 Umstülpbarer Würfelgürtel 78
- 97 Verdoppelung des Würfels 82/83
- 94 Verdoppelung des Würfels (Modell) 82/83
- 114 Volumen-Vergleiche: Zylinder, Kugel, Kegel 75
- 117 Wabengebilde nach Carl Kemper 80
- 110 Wackelpolyeder 81
- 103 Wahrscheinlichkeitsspiel mit der Zahl Pi 77
- 120 Yoshimoto-Parallelogramm
- 255 Yoshimoto-Würfel 80

Mechanik — Seite

- 54 Anti-Dezimalwaage 46
- 42 Der kürzeste Weg ist nicht der schnellste 47
- 51 Drehscheibe (2 Objekte) 54
- 50 Drehstuhl (2 Objekte) 54
- 36 Düsenwagen 49
- 47 Elektronischer Balancierstab 46
- 57 Erdinduktion 56
- 33 Foucault-Pendel 48
- 237 Galileische Fallversuche 52
- 35 Galileisches Pendel 44
- 244 Gravitationslift 51
- 227 Hängebrücke 133
- 37 Hängender Leiter im Magnetfeld 56
- 34 Hüpfpendel
- 230 Impulsschaukel 128
- 48 Kreisel (2 Objekte)
- 38 Magnetgelagerte Welle 57
- 236 Magnetpendelkäfig 55
- 238 Magnetspieltisch
- 49 Maxwellsches Pendel
- 249 Mechanisches Wellenmodell 44
- 55 Mondwand 53
- 53 Planetenwaagen (6) 53
- 52 Resonanzpendel 45
- 45 Rollversuche auf schiefer Ebene 47
- 32 Rottsches Pendel 44
- 41 Rückstosswagen mit Holzkugeln 43
- 253 Rückstosswagen mit pendelnder Kugel 44
- 40 Seismographische Messungen
- 43 Sonnenkollektoren 41
- 232 Sonnenspiegel-Sonnenmotor 40
- 46 Springbrunnen mit Sonnenenergie 41
- 248 Stabilisiertes Fahrrad auf dem Hochseil 141
- 44 Thermosyphonanlage mit Sonnenkollektoren
- 39 Wirbelstrombremse 56
- 245 Wirbelwind-Trommel
- 56 Zentrifuge zur Aufhebung der Schwerkraft 52

Optik — Seite

- 169 Additive Farbmischung 108
- 135 Beweglicher Winkelspiegel
- 140 Beweglicher Zerrspiegel
- 148 Camera obscura
- 147 Doppelbilder
- 172 Dreidimensionale Schattenbilder
- 178 Eichglas
- 138 Eigenwilliger Spiegel 117
- 161 Ein Spiegelbild geht durch die Unendlichkeit
- 150 Experimente im Sonnenlicht 104/105
- 158 Experimente mit Abbildungsmassstäben 113
- 160 Experimente mit der Tiefenschärfe 115
- 171 Farbige Schatten 108
- 154 Farbzerlegung des weissen Lichts
- 153 Geometrische Optik mit Sammel- und Zerstreulinse
- 152 Geometrische Optik mit Spiegeln
- 142 Grosse Fresnel-Linse 123
- 143 Hohlspiegel-Experiment
- 156 Interferenzfarben an einer Seifenhaut 106/107
- 134 Kugelspiegel/Hohlspiegel 117
- 151 Lamellenspiegel für Lichtführung
- 167 Licht sieht man nicht 113
- 176 Morgenrot und Himmelblau
- 174 Optische Hebung 123
- 265 Perspektive mit beweglichem Fluchtpunkt
- 141 Phosphoreszierender Raum (Schattenbildkabinett) 122
- 127 Polarheliostat (Experimente im Sonnenlicht) 111
- 136 Prismenbrillen 109
- 149 Raumbilder nach Ludwig Wilding (6 Objekte)
- 173 Raumbildschirm 114
- 146 Räumliche Täuschung mit 2 Masken 122
- 137 Riesenkaleidoskop 116
- 162 Rotierende Farbscheiben nach Weder 111
- 163 Spannungsoptische Versuche (3 Objekte) 111
- 168 Spiegel oder Fenster? 112
- 155 Spiegeltische für Versuche mit dem Laserstrahl
- 129 Stehendes Kaleidoskop 121
- 165 Stereoskopie (5 Objekte)
- 170 Subtraktive Farbmischung 108
- 132 Symmetriespiegel 118
- 157 Totalreflexion mit Laserstrahl 109
- 130 Tripelspiegel 120
- 166 Trümmerschrift
- 175 Umkehrbrille
- 133 Unendliches Spiegelbild 118
- 159 Veränderungen der Irisblende im Auge
- 139 Versenkter Hohlspiegel
- 164 Wasserprisma 109
- 125 Winkelspiegel horizontal 119
- 126 Winkelspiegel seitenrichtig
- 131 Würfelspiegel 120
- 144 Zerrspiegel konkav
- 145 Zerrspiegel konvex
- 128 Zwölffach-Spiegel 120
- 177 Zwölfteilige Farbscheibe

Wasser — Seite

- 20 Ägyptische Wasseruhr 34
- 28 Ball im Wasserstrahl 33
- 4 Drucksäulen
- 22 Eis schmilzt unter Druck 24
- 18 Flüssigkeitspendel 29
- 1 Formgleiche Schwimmkörper mit unterschiedlichen Gewichten
- 31 Hydraulischer Widder 28
- 30 Hydrostatisches Paradoxon 24
- 17 Interne Wellen 29
- 231 Kugelbrunnen 133
- 29 Künstlich erzeugte Schwerkraft 28
- 6 Luftrechner
- 19 Mariottsche Flaschen
- 8 Musikalischer Wasserstrahl 23
- 26 Rotierender Wasserzylinder 30/31
- 23 Sanddünenkanal 34
- 13 Sandschichtungstafeln (3 Objekte) 35
- 9 Schlieren-Projektion 28
- 2 Strömungswannen (5 Objekte) 26/27
- 15 Taylor-Wirbel 24
- 234 Uferklavier 131
- 5 Wassercomputer 25
- 235 Wasserdrucksäule 17
- 233 Wasserglocke 19
- 21 Wasserglocke (Modell) 18
- 27 Wasserparabel
- 7 Wasserscheibe aus 2 Wasserstrahlen 23
- 14 Wasserschloss 20
- 11 Wasserstrahl als Lichtleiter 32
- 16 Wasserstrahl als Tonleiter 24
- 12 Wellenkanal 21
- 25 Wirbel mit Antriebsschraube 30/31
- 10 Wirbelkaskade 30
- 3 Wirbelwanne (3 Objekte)
- 24 Wirbelzylinder mit Zulauf und Abfluss 30/31

Diese Liste umfasst sämtliche Exponate der PHÄNOMENA, auch diejenigen, welche in diesem Katalog nicht beschrieben sind. Einzelne Exponate sind nach der Erstellung der Grundrisspläne zusätzlich in die Ausstellung einbezogen worden und deshalb auf diesen Plänen nicht eingetragen.

Wasser

Die Darstellung des Wassers, die Schaffung von Möglichkeiten, sich mit diesem Element eingehend auseinanderzusetzen, ist ein besonderes Anliegen der Veranstalter. Das Wasser als Träger aller Lebensprozesse ist unserem Blickfeld im Alltag mehr und mehr entschwunden. Die Kanalisierung der Bäche, Begradigung von Flussläufen, Seeuferverbauungen und die Gewässerverschmutzung haben das Ihre dazu beigetragen. Seine Beweglichkeit und Wandlungsfähigkeit vom Eisblock bis zur Verdampfung, die gewaltigen Kräfte, der stete Tropfen, der den Stein aushöhlt, das Sich-nicht-Komprimierenlassen, der unendliche Reichtum an Fliessformen weisen auf ein Feld voller Rätsel, belehren uns über Lebensvorgänge und Lebenszusammenhänge. Vom Kugelbrunnen über die Strömungswannen, Lichtleiterbecken, Wirbel- und Tropfenbildungsexperimente, das Wasserschloss, bis hin zur grossen Wasserglocke werden wir auf seine Eigenschaften hingewiesen und können erfahren, dass Wasser weit mehr ist als ein in seiner Qualität gefährdetes Konsumgut.

Links die grosse Wasserglocke im See (233). Im Vordergrund: Savonius-Rotoren (251) und der Polarheliostat (127). Rechts das Uferklavier (234), der Spiegel für den Sonnenmotor (232) und die Wasserdrucksäule (235).

1

Wasserglocke

Trifft ein vertikaler Wasserstrahl auf die Mitte einer kleinen Platte, so breitet sich das Wasser aus und fällt aufgrund der Erdanziehung in Form einer durchsichtigen Flüssigkeitsfläche. Sinkt die glockenförmige Fläche am Boden auf eine Wasserschicht oder eine feste Oberfläche, kann die Wasserglocke ein Luftvolumen einsperren. Sie kann auch in sich selbst geschlossen sein, indem sie zusammenfliesst.
Was hält die Wasseroberfläche zusammen? Weshalb entsteht nicht ein Tropfenvorhang? Dies hängt mit den molekularen Strukturen und den elektrischen Kräften zusammen. Die Anordnung der beiden Wasserstoffatome, die mit dem Sauerstoffatom (H_2O) einen Winkel von 105° bilden, bewirkt, dass diese Kräfte auf der Wasseroberfläche besonders stark zur Geltung kommen. Daraus ergibt sich die Oberflächenspannung, welche danach trachtet, die Grenzfläche zwischen dem Wasser und der Luft so klein wie möglich zu halten. So entsteht die Glocke mit ihrem elastischen, durchsichtigen Wasserfilm.
Bereits 1833 studierte der französische Physiker Félix Savart die Wasserglocke. Mehrere Forscher haben sich seither damit beschäftigt. Es wurden Gleichungen aufgestellt, die die Form der Wasserglocke beschreiben. Sie hängt von verschiedenen Grössen ab, wie der Geschwindigkeit des Wasserstrahls, dem ausströmenden Wasservolumen pro Sekunde und der Oberflächenspannung des Wassers.
Dreht man bei einer geschlossenen Wasserfläche den Wasserstrahl langsam zurück, beginnt sich die Glocke auf das eingeschlossene Luftvolumen abzustützen. Dadurch wird der Druck im Innern leicht höher als ausserhalb. Wird die Wasserhaut mit dem Finger durchstossen, so gleicht sich der Druck aus, und der schöne Wasserfilm wird zerstört. Für die PHÄNOMENA wurde eine grosse Wasserglocke gebaut mit einer Pumpenleistung von 300 l pro Sekunde. Diese Glocke hat einen Durchmesser von rund 15 m. Ihre Oberfläche bildet allerdings einen Tropfenvorhang, und sie gleicht einem Wasserfall mit Halbkugelform.

1 Wasserglocke (Modell) (21)
2 Wasserglocke im See (233)

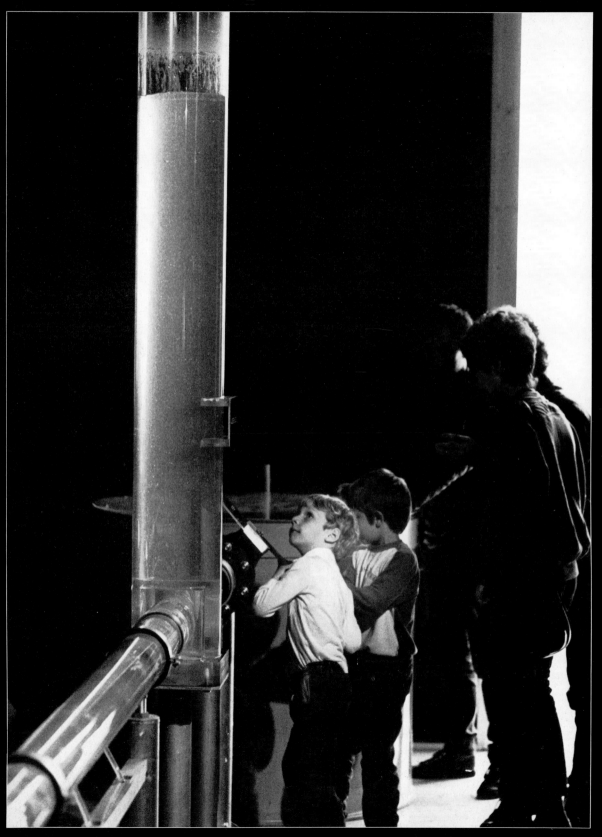

Wasserschloss (14)

Bei alten Sanitärinstallationen gibt es manchmal beim Zudrehen des Wasserhahnes einen leichten Knall. Dieses harmlose Geräusch kann beim schnellen Absperren grosser Wasserleitungen, wie sie im Kraftwerkbau verwendet werden, anschwellen und sogar zum Bersten der Leitung führen. Diesem Phänomen liegt die Bewegungsenergie des fliessenden Wassers zugrunde. Jene Energie also, die zur Elektrizitätserzeugung genutzt wird und die beim plötzlichen Schliessen eines Absperrorganes eben nicht in Elektrizität, sondern unter anderem schlagartig in Schall umgewandelt wird.

Dieser in der Technik Druckstoss genannte Knall kann verhindert werden, indem ein sogenanntes Wasserschloss in die Leitung eingebaut wird. Damit wird beim raschen Schliessen der Leitung die Bewegung des Wassers nicht sofort gestoppt, sondern es entsteht im Wasserschloss und in der Leitung eine Schaukelbewegung, welche die allmähliche, harmlose Umwandlung der Energie sicherstellt.

Die vorliegende Anlage wird mit einem geschlossenen Wasserkreislauf betrieben. Die Pumpe fördert Wasser aus den Tiefbehältern in den Hochbehälter, von wo je nach Schieberöffnung ein Teil des Wassers durch die Plexiglasleitung und der Rest via Überfall des Hochbehälters durch die Überschusswasserleitung zurück in die Tiefbehälter fliesst.

Der Schieber kann von Hand bedient und damit die Schwingung im Wasserschloss erzeugt werden. Bei genügend schnellem Ansteigen des Wasserspiegels im Wasserschloss wird die verdrängte Luft durch eine Pfeife gepresst, wodurch Töne erzeugt werden.

Wird der Schieber ganz oder teilweise geöffnet und ist die Schwingung im Wasserschloss abgeklungen, so ist an der Druckanzeige der Plexiglasleitung eine Abnahme des Druckes in Fliessrichtung ersichtlich. Druck ist eine Form von Energie; der Druckabfall somit ein Beweis dafür, dass ein Teil der Bewegungsenergie des Wassers in der Leitung durch Reibung aufgezehrt wird. Diese Tatsache ist auch dafür verantwortlich, dass Wasserschlossschwingungen nicht andauern, sondern allmählich abklingen.

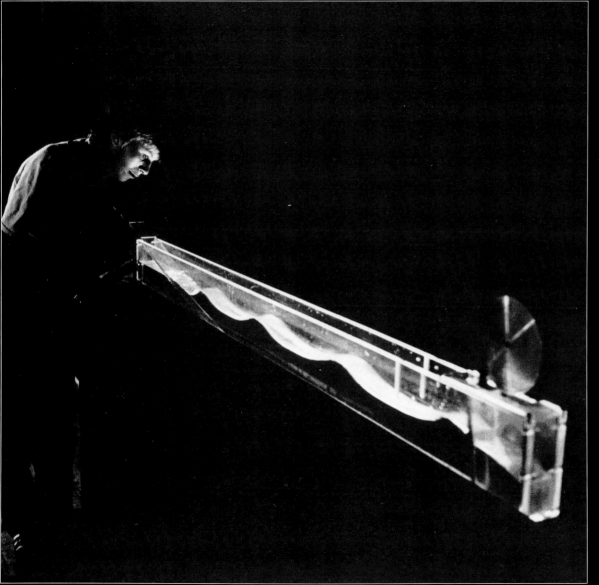

Wellenkanal (12)

Durch die Wahl der Wellengeschwindigkeit kann eine stehende Welle erzeugt werden, bei der sich die Knotenpunkte nur noch auf und ab, aber nicht mehr vorwärts bewegen. Wird am Ende des Kanals eine Dämpfung vorgenommen, so wird die Welle nicht mehr reflektiert, sondern läuft wie an einem flachen Ufer aus.
Bei der Welle werden keine Wassermassen transportiert; es ist die Energie, die sich fortpflanzt.

1–4 Wasserscheibe (7)

Zwei Wasserstrahlen werden axial aufeinander gerichtet. Bei ihrem Zusammenprall kann eine geschlossene Wasserscheibe entstehen. Entscheidend für die Ausbildung dieser Wasserhaut ist, dass die Flüssigkeitsmenge in beiden Strahlen ungefähr gleich gross und die Geschwindigkeiten angepasst sind. Sind die beiden Strahlen nicht gleich stark, so krümmt sich die Flüssigkeitsscheibe; die entstehende Wasserglocke entspricht dem gleichen Phänomen, das andernorts an der Ausstellung gezeigt wird – dort allerdings durch einen Strahl erzeugt, der auf einem Metallteller umgelenkt wird.

Ein Strahl, der auf ein Hindernis stösst, und sei dies auch nur ein Gegenstrahl, wird gestaut, und es baut sich ein Druck auf, der die Flüssigkeit seitwärts verdrängt. Erstaunlich ist die Filmbildung, weil wir eher einen Tropfenschleier erwarten würden. Die Natur wählt stets die stabilste Form aus, meist wird dabei die Energie minimalisiert.

Die Stabilität ist in diesem Fall durch die Energie gegeben, die es braucht, um die Flüssigkeit gegen die Luft abzugrenzen. Die dazugehörigen Kräfte sind Oberflächenspannungen. Das Stabilitätskriterium beschreibt, in welchem Verhältnis die Trägheits- zu den Oberflächenkräften stehen.

5 Musikalischer Wasserstrahl (8)

Wird die Austrittsdüse des Wasserstrahls mit einem Frequenzgenerator angeregt, so spaltet sich der Strahl je nach Tonhöhe auf und bildet einzelne Tropfenketten.

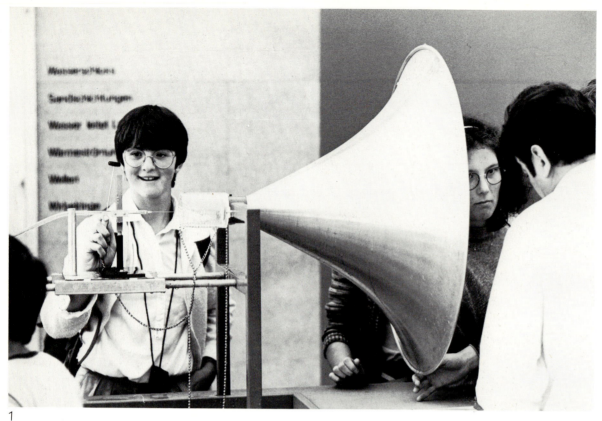

1

2

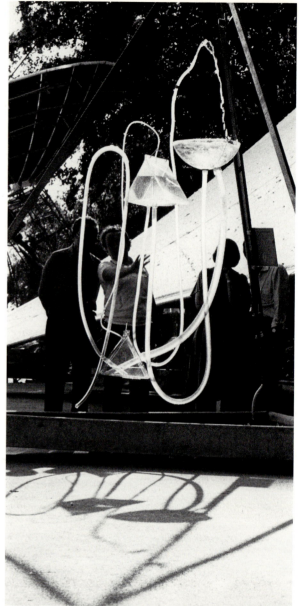

3

4

1 **Wasserstrahl als Tonleiter (16)**
Ein dünner Wasserstrahl tritt aus der Glasdüse aus und trifft im Abstand von 10 bis 15 cm auf eine Gummimembrane. Durch einen Tongenerator oder durch eine Stimmgabel wird die Glasdüse in Schwingungen versetzt. Der feine Wasserstrahl überträgt die Schwingungen auf die Membrane. Durch den Schalltrichter werden die so entstehenden Töne verstärkt und hörbar.

2 **«Hydrostatisches Paradoxon» (30)**
Wasser wird mit Hilfe von fallendem Wasser nach dem Prinzip des Heron-Brunnens auf ein höheres Niveau gehoben.

3 **Eis schmilzt unter Druck (22)**
Wie ist es möglich, dass wir mit Schlittschuhen mühelos übers Eis gleiten können? Unter dem Druck der Schlittschuhkufe verflüssigt sich das Eis, so dass der Schlittschuhläufer auf einer sich ständig bildenden Wasserschicht gleitet.
Im vorliegenden Versuch drückt anstelle der Schlittschuhkufe eine Drahtschlinge aufs Eis. Dadurch wird das Eis unmittelbar unter dem Draht verflüssigt. Das entstehende Wasser wird seitlich verdrängt und gefriert oberhalb des Drahtes, wo es nicht mehr unter Druck steht, sofort wieder. Durch fortwährende Wiederholung dieses Vorgangs wandert der Draht durch den Eisbarren, ohne ihn zu zerschneiden.

4 **Taylor-Wirbel (15)**
Ein Zylinder dreht sich in einem Zylinder. Im schmalen Spalt dazwischen wird das Wasser mit Aluminiumpulver eingefärbt. Je nach Drehzahl sieht man, wie sich unterschiedliche Wirbelringe bilden, auf denen sogar Wellen laufen können.

5 **Wassercomputer (5)**
(Fluidics: Konzept H. H. Glättli)
Computer basieren auf:
1. Verstärkung,
2. Gedächtnis und
3. Logik.
Lange vor der Entwicklung von elektronischen oder Halbleiter-Bauteilen wäre es möglich gewesen, rein strömungsmechanisch mit Luft oder Wasser betriebene Computer zu bauen.
Dies wird anhand von 6 Experimenten demonstriert:
1. Oszillator mit Freistrahl-Verstärker
2. Haften eines Strahles an einer Wand als Grundlage für
3. Gedächtniselement
4. Logikelement mit 2 Ein- und 3 Ausgängen
5. binäres Volladdierwerk mit 2 Elementen gemäss Experiment 4 sowie 2 weiteren Logikelementen
6. mit Luft betriebenes 4stufiges Binär-Addierwerk (gleiche Elemente wie in Experiment 5)

Mit den praktisch erreichbaren Ansprechzeiten von hinunter bis ca. 0,001 Sekunden hätten sich respektable Leistungen ergeben.

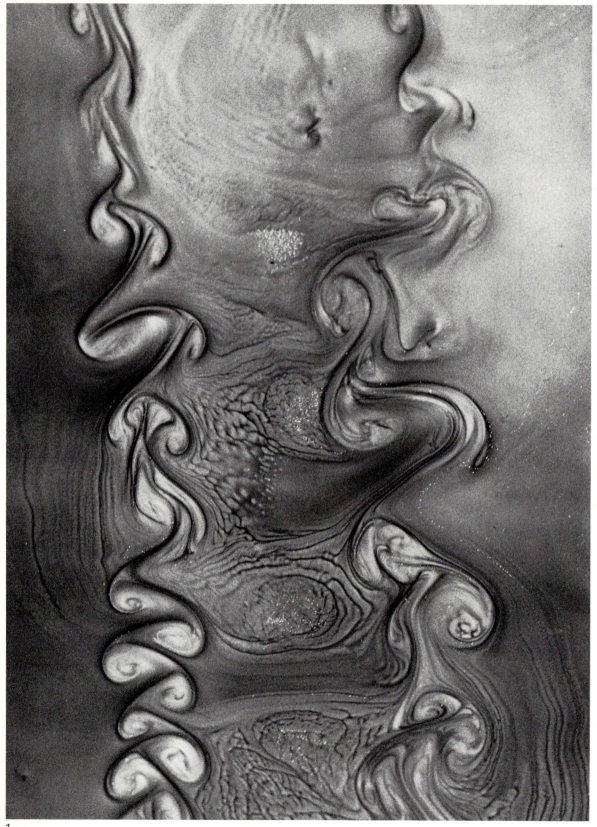
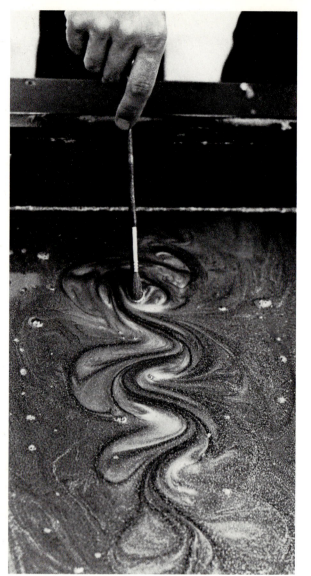

Strömungswannen (2)

Es ist schwierig, Bewegungen von Flüssigkeiten mathematisch zu beschreiben, doch können die Grundvorstellungen aus der Anschauung auf einfache Art gewonnen werden. In den Strömungswannen werden durch das Hineinstellen verschiedener Körper die dadurch ausgelösten Fliessformen bei unterschiedlichen Strömungsgeschwindigkeiten sichtbar. Bei kleinen Geschwindigkeiten zeigt die eingefärbte Flüssigkeit in ihrem Strömungsverlauf wenig Veränderung. Bei höheren Geschwindigkeiten jedoch ändert sich das Strömungsbild sehr stark: Es treten einzelne Wirbel oder ganze Wirbelstrassen auf, die zu einer starken seitlichen Durchmischung führen; wir sprechen von einem turbulenten Strömungszustand. Die kritische Geschwindigkeit hängt von der Form und der Grösse des jeweiligen Körpers ab.

Strömungen können durch Stromlinien dargestellt werden, die immer parallel zur Fliessrichtung verlaufen und deren Dichte proportional zur Strömungsgeschwindigkeit zunimmt. In einer Strömung, in der an jedem Ort die Geschwindigkeit der Flüssigkeiten zeitlich konstant (stationär) ist, bilden die Stromlinien offensichtlich den Weg, den die einzelnen Flüssigkeitsteile gehen und durch Farbtropfen oder Aluminiumpapier sichtbar gemacht werden können. Den verschiedenen laminaren Strömungsbildern ist gemeinsam, dass immer eine Stromlinie den Verdrängungskörper erreicht und sich an ihm verzweigt. Die Oberfläche des Körpers wird so zu einer Stromlinie, allerdings mit einer Geschwindigkeit Null. Damit ist auch die Geschwindigkeit im Verzweigungspunkt Null. Dieser Punkt wird Staupunkt genannt; in ihm ist der Druck der Flüssigkeit am grössten (Staudruck).

1 Wirbelstrasse in stehender, glyzerinhaltiger Lösung, gesättigt mit Aluminiumpulver.

2 Die Wirbelbilder entstehen, wenn man mit einem Stab oder Pinsel durch die stehende Flüssigkeit fährt.

3/4 Hier ist die Flüssigkeit in Bewegung und umströmt stehende Hindernisse. Durch Verschieben, Auswechseln und Kombinieren derselben ergibt sich ein grosser Reichtum von Wirbelbildungen und Strömungsverläufen. Auf Bild 3 sehen wir eine in bezug auf die Strömung gegenläufige Fliessrichtung.

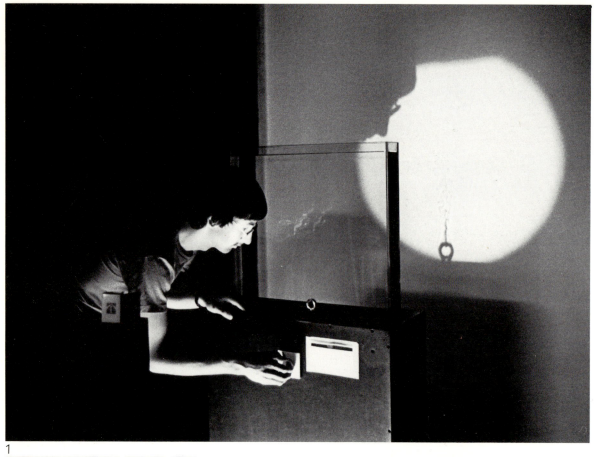
1

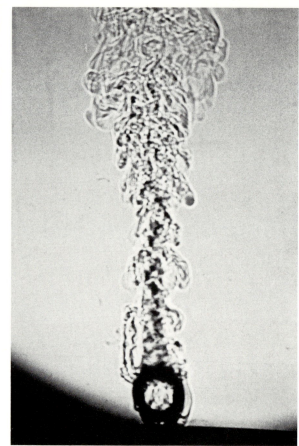
2

3

4

5

6

1/2 Schlieren-Projektion (9)

Das den Tauchsieder umgebende Wasser wird erhitzt. Dadurch entstehen Strömungen unterschiedlich warmen Wassers, die in der Lichtprojektion sichtbar werden.

3 Künstlich erzeugte Schwerkraft (29)

In stehendem Wasser wird der leichte Pingpongball sehr schnell aufsteigen. Durch Drehen der Flüssigkeit jedoch werden seine Auftriebskräfte drastisch gebremst. Die Rotation der Flüssigkeit führt zu einem höheren Druckniveau, und die Wasserverdrängung wird dem aufsteigenden Ball dadurch erschwert. Bei diesem Experiment wird eine künstliche Schwerkraft erzeugt.

4 Hydraulischer Widder (31)

Immer wieder rennt das Wasser wie ein Widder gegen den Schieber an, der sich ständig öffnet und schliesst. Dadurch wird Wasser ohne Fremdenergie hochgepumpt.

5 Interne Wellen (17)

Wellen können nicht nur an der Grenzschicht zwischen Gas und Flüssigkeit – wie Luft und Wasser – erzeugt werden, sondern auch an der Trennschicht zwischen zwei verschieden schweren Flüssigkeiten. Besonders schön lässt sich dies an zwei nicht mischbaren Flüssigkeiten, wie z. B. Wasser und Petrol, zeigen.
Diese sogenannten internen Wellen werden im vorliegenden Exponat durch eine leichte Schaukelbewegung angeregt. Sofern Sie geduldig genug sind, können Sie durch Variieren der Zeit für die einzelnen Auf- und Abbewegungen die Eigenfrequenzen des Systems ermitteln sowie dessen Oberfrequenzen. Die Grundfrequenz erkennen Sie daran, dass die Fläche genau einen Wellenbuckel besitzt.

6 Flüssigkeitspendel (18)

Prinzip des Schlingertanks

Durch Drehen des Hahns kann die Verbindung zwischen den beiden Wassertanks geöffnet bzw. geschlossen werden. Bei geschlossenem Hahn schwingt das Pendel ungedämpft, bei offenem Hahn dagegen kann das Wasser zwischen den beiden Tanks hin- und herfliessen und die Schwingung dämpfen. Mit solchen Schlingertanks werden Passagierschiffe bei rauher See stabilisiert.

1

2

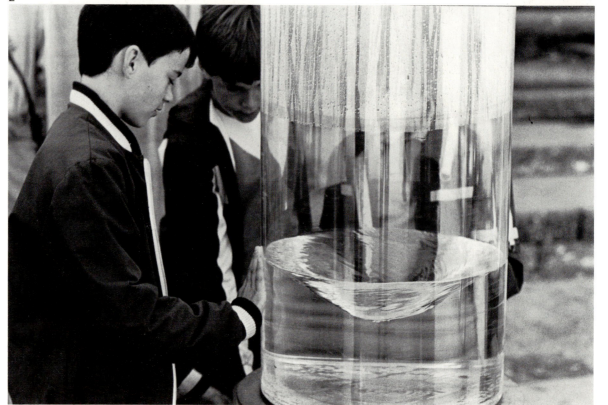

3

1 Wirbelkaskade (10)

Ein Tropfen, der etwas schwerer ist als Wasser, z.B. Tinte, wird in ruhiges Wasser getropft und sinkt. Wie ein fester Körper muss auch der Tropfen durch das von ihm beim Niedersinken verdrängte Wasser umströmt werden. Da er aber aus Flüssigkeit besteht, wird die Oberfläche bei diesem Vorgang mitbewegt. Der Tropfen erhält dadurch eine innere Zirkulation: er wird zu einem Hillschen Kugelwirbel.
Auch dieses System ist instabil und zerfällt. Dies aber in einer besonders interessanten Art, indem Wirbelringe entstehen, die sich einschnüren und wieder neue Wirbelringe bilden. Die Anzahl der neuen Elemente ist dabei stets ungerade.
Der Versuch ist so einfach, dass er sich jederzeit nachvollziehen lässt.

2 Wirbel mit Antriebsschraube (25)

Durch ein Rührwerk am Boden des Zylinders entsteht ein Ansaugwirbel.

3 Rotierender Wasserzylinder (26)

Hier rotiert der Wasserbehälter, und an der Oberfläche bildet sich ein Paraboloid. Die Krümmung hängt von der Drehgeschwindigkeit des Zylinders ab. An einer freien Oberfläche mit konstantem atmosphärischem Druck stellt sich ein Gleichgewicht zwischen der Erdanziehungskraft und der Zentrifugalkraft ein, deren Form ein Paraboloid ist.

4 Wirbelzylinder mit Zulauf und Abfluss (24)

Dieser Wirbel entsteht durch das seitliche, tangentiale Zuströmen des Wassers am oberen Rande des Gefässes und das offene Abfliessen am Gefässboden. Der der Flüssigkeitsmasse zugeführte Drall wird durch das zentrale Ablassen konzentriert. Die in der Mitte sich stärker drehende Flüssigkeit erfährt einen Unterdruck. Die freie Oberfläche wird deshalb wirbelförmig angesogen, bis Luft die untere Öffnung erreicht (belüftete Rotation).

Wasserstrahl als Lichtleiter (11)

Das Licht der Unterwasserlampen, die sich im Innern der Brunnensäule befinden, wird von den Wasserstrahlen ins Becken geleitet. Das Licht folgt also der Krümmung des Wasserstrahls. Wieso verlässt das Licht den Wasserstrahl nicht, wenn es sich sonst doch geradlinig ausbreitet?

Trifft ein Lichtstrahl schräg auf eine Wasseroberfläche, so wird ein Teil des Lichtes wie an einem Spiegel reflektiert. Der andere Teil tritt ins Wasser ein, wobei er von seiner bisherigen Richtung abgelenkt, d.h. gebrochen wird. Die Brechung kann damit erklärt werden, dass die Lichtgeschwindigkeit in Wasser kleiner ist als in Luft, wobei sich das Licht den schnellsten und nicht den kürzesten Weg sucht.

Tritt umgekehrt das Licht aus dem Wasser in die Luft, sind beim Brechen die Verhältnisse umgekehrt, d.h. der refraktierte Strahl wird nicht zur Senkrechten hin, sondern von ihr weg gebrochen.

Je schräger der Lichtstrahl auf die Grenzfläche zwischen dem Wasser und der Luft einfällt, desto stärker wird er abgelenkt. Bei einem bestimmten Einfallswinkel streift das gebrochene Licht der Wasseroberfläche entlang. Bei noch grösserem Einfallswinkel bleibt der Lichtstrahl ungebrochen und gelangt somit nicht mehr an die Luft, sondern wird vielmehr in das Wasser zurückgespiegelt. Diesen Vorgang nennt man Totalreflexion.

Das Licht wird also durch die Totalreflexion im Wasser gefangengehalten. Was passiert aber, wenn der Wasserstrahl durch äussere Einflüsse brüsk abgelenkt wird? Durch die gestörte Wasseroberfläche sind die Bedingungen der Totalreflexion nicht mehr gegeben, und das Licht verlässt das Wasser.

Nach dem gleichen Prinzip kann Licht auch in Glas geleitet werden. Die Lasertechnik hat die Lichtleitung in Glasfasern in den Mittelpunkt moderner Informationsübermittlung gerückt.

Ball im Wasserstrahl (28)

Der im Wasserstrahl balancierende Ball mag gelegentlich kurz stillstehen, aber in der Regel bewegt er sich heftig auf und ab. Weshalb fällt der Ball trotz seinen unruhigen Sprüngen nicht aus dem bewegten Wasserspiel heraus? Was hält ihn im Strahl? Die meiste Zeit hält sich der Ball nicht im Zentrum, sondern am Rande des Wasserstrahls. Gerade diese Stellung gibt uns einen wichtigen Hinweis: die Auslenkung des Wasserstrahls und die Rotation des Balles ergeben die Erklärung; der aufsteigende Wasserstrahl stösst gegen den Ball. Ein Teil des Strahles wird dabei ausgelenkt, der Rest bleibt an der Balloberfläche haften (Coanda-Effekt). Durch das Drehen des Balles wird das Wasser kräftig weggespritzt, wodurch die Abstosskraft der Wasserspritzer den Ball in den Strahl zurückdrückt.

Die drei Kräfte, Stosskraft des Strahles gegen die Unterseite des Balles, Rückstoss der Wasserspritzer und Schwerkraft (Gewicht) ergeben zusammen eine Kraft, die nach oben gegen den Strahl zu gerichtet ist. Die Stosskraft nimmt mit der Höhe ab, wodurch sich auf einem gewissen Niveau ein labiles Gleichgewicht einstellt.

1

2

3

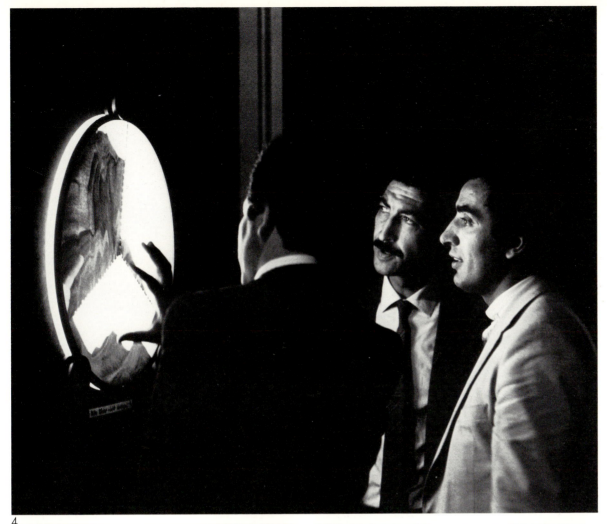

1 **Sanddünenkanal (23)**
Durch Variieren des Gefälles ändert sich der Transport auf der Sohle und mit ihm die Sohlenform.

2 **Ägyptische Wasseruhr (20)**
Das Gefäss ist so geformt, dass die Sinkgeschwindigkeit des Wassers gleich bleibt, obwohl mit sinkendem Wasserspiegel die Ausflussgeschwindigkeit und damit die Ausflussmenge pro Zeiteinheit abnehmen.

3 **Tauchfahrten im Rahmen der PHÄNOMENA**
Mit dem Vier-Mann-Forschungsunterseeboot «Auguste Forel» wurden unter der Leitung von Prof. Jacques Piccard zweimal während 14 Tagen ausgedehnte Tauchfahrten im Zürichsee unternommen. Im Vordergrund stand ein interdisziplinäres Projekt zur Erforschung des Zürichsees, an dem sich folgende Institutionen beteiligten:
– Universität Zürich: Institut für Pflanzenbiologie, Abteilung Mikrobiologie und hydrobiologisch-limnologische Station;
 Druckkammerlabor des Universitätsspitals;
 Zoologisches Museum;
– ETH Zürich: Geologisches Institut; Ingenieurgeologie; Baugeologie;
– EAWAG (Eidg. Anstalt für Wasserversorgung, Abwasserreinigung und Gewässerschutz);
– Stadt Zürich: Büro für Archäologie; Wasserversorgung der Stadt Zürich; Seepolizei;
– Kanton Zürich: Kantonales Amt für Gewässerschutz und Wasserbau; Kantonale Fischerei und Jagdverwaltung; Seepolizei; Kantonale Fischzuchtanstalt.
Für die PHÄNOMENA-Besucher bestand in beschränktem Ausmass die Möglichkeit, an den Tauchfahrten teilzunehmen. Die Aktion wurde von einer separaten Ausstellung begleitet.

4–6 **Sandschichtungstafeln (13)**
Nicht nur Wasser ist eine Flüssigkeit, auch feiner Sand kann sich wie eine solche verhalten (z.B. Sanduhren). Bei den hier gezeigten Strömungen ist der Sand die «Flüssigkeit».

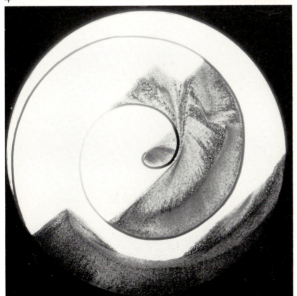

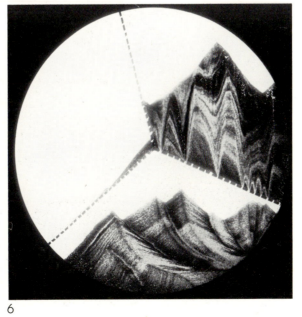

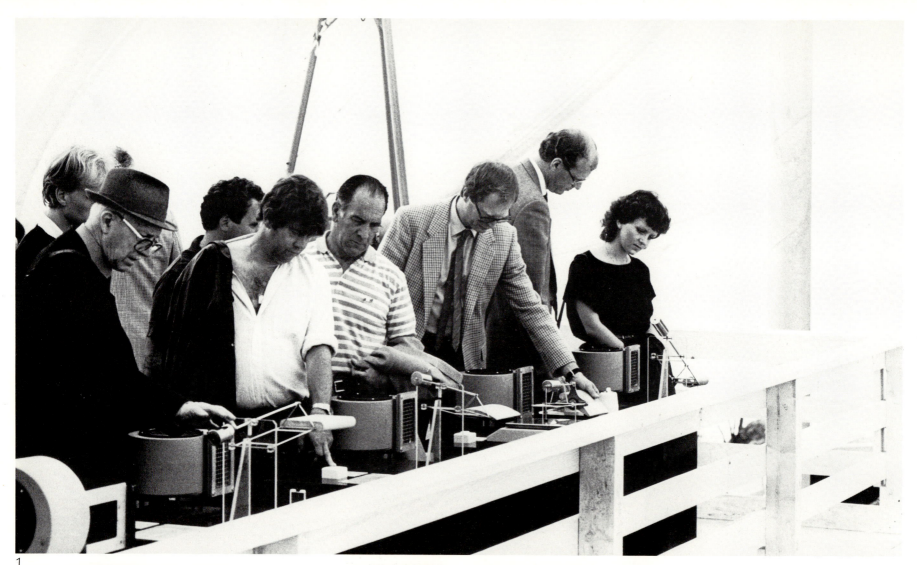

1

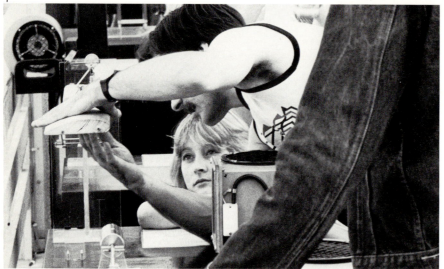

2

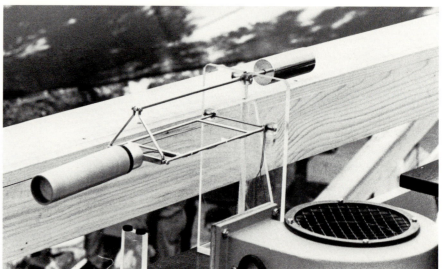

3

1/2 Tragflügel im Luftstrom (62.4)

Der Auftrieb, den ein Flugkörper durch seine Flügel in einer Luftströmung erfährt, kann damit erklärt werden, dass durch die Asymmetrie des Flügelprofiles die Strömungsgeschwindigkeit an der Oberseite grösser ist als auf der Unterseite. Nach dem Gesetz von Bernoulli ist somit der absolute Druck auf der Oberseite des Flügels kleiner als auf der Unterseite, wodurch der Auftrieb zustande kommt.

Die Anwendung des Gesetzes von Bernoulli ist jedoch hier wie auch beim Flettner-Rotor beschränkt, weil dieses Gesetz nur für reibungs- und wirbelfreie Strömungen gilt. Die Umströmung eines Tragflügels erhält aber ihre spezielle Form dadurch, dass die Luft an der Flügeloberfläche haften muss und in dieser sich ausbildenden Strömungsform (Grenzschichtströmung) die Zähigkeit der Luft für das sich bildende Geschwindigkeitsprofil mitentscheidend wird.

War es beim Flettner-Rotor die Abbremsung der Strömung auf der einen Seite und die Beschleunigung auf der andern, so ist der Tragflügel so geformt, dass die Reibung auf seinen beiden Seiten verschieden ist. Dadurch verändern sich die Umströmungsgeschwindigkeiten, die Oberseite wird schneller überströmt. Wie beim Flettner-Rotor kann diese Art Strömung in zwei Einzelströmungen, eine parallele und eine zirkulierende, zerlegt werden, die sich gegenseitig überlagern.

Dadurch ergibt sich aber auch eine weitere Erklärung, beruhend auf dem Zusammenhang zwischen Zirkulation und dynamischem Auftrieb; dieser wurde von Kutta und Joukowsky hergeleitet. Nach ihrer Theorie berechnet sich der Auftrieb aus der Änderung des Impulses, die der Luftstrom durch die überlagerte Zirkulation erfährt. Dieser wird nämlich durch die Asymmetrie des Profils abgelenkt, wie aus der Figur ersichtlich ist. Nach Newtons Gesetz «actio = reactio» ist die Kraft, die notwendig ist, um den Luftstrom nach unten zu lenken, gleich gross wie der Auftrieb, der auf den Flügel wirkt.

3 Flettner-Rotor (62.6)

Die Apparatur besteht aus einem Zylinder, der durch einen Elektromotor in Rotation versetzt und senkrecht zur Achse angeströmt werden kann. Ein Effekt wird nur erzielt, wenn sich der drehende Rotor in einem Luftstrom befindet. Der Zylinder erfährt dann eine zu seiner Achse und zur Windrichtung senkrecht stehende Kraft.

Je nach Rotationsrichtung wird der Zylinder nach oben oder nach unten gedrückt. Kein Auf- oder Abtrieb entsteht, wenn der Rotor in ruhender Luft dreht oder wenn er im Stillstand angeblasen wird.

Dies kann auch an «geschnittenen» Pingpongbällen und an Geschossen beobachtet werden und wird als Magnus-Effekt bezeichnet. Der Auftrieb ist an das Vorhandensein einer Zirkulation um den Körper gebunden. Diese Zirkulation kann wie hier durch Rotation des Körpers erzeugt werden oder aus strömungstechnischen Gründen von selbst einsetzen, wie dies beim Tragflügel der Fall ist.

1925 kreuzte ein mit Flettner-Rotoren ausgerüstetes Schiff im Atlantik. Diese Antriebsart konnte sich jedoch in der Folge nicht durchsetzen.

Luft

Luftströmungen

Schon Leonardo da Vinci hat sich mit Strömungen von Luft und Wasser beschäftigt und qualitativ bedeutende Aussagen aufgestellt, ohne diese Bewegungen mathematisch zu formulieren. Erst den beiden Schweizer Mathematikern Daniel Bernoulli und Leonhard Euler gelang es, die Gesetzmässigkeiten der reibungsfreien Strömung mathematisch zu fassen. Die aufgestellten Gleichungen gelten für Wasser und Luft. Der Unterschied liegt lediglich im Wert der Dichte (Masse pro Volumeneinheit). Die Ergebnisse der reibungsfreien Bewegung von Flüssigkeiten und Gasen standen in vielen Punkten in krassem Widerspruch zur Erfahrung, besonders bezüglich des Widerstandes eines umströmten Körpers. In diesem Jahrhundert gelang es dann, die Strömung mit Reibung einer theoretischen Behandlung näher zu führen. Man erkannte, dass die scheinbar geringe innere Reibung den Bewegungsablauf entscheidend beeinflussen kann. Die Reibung ist für die Wirbelbildung hinter stumpfen Körpern verantwortlich.

Mit der einfachen Beziehung von Bernoulli, die «nur» für eine ideale Strömung gilt, lassen sich viele Strömungsphänomene erklären. Eine alltägliche Anwendung davon ist das Flugzeug. Durch die Geometrie des Tragflügelprofils strömen die Luftteilchen auf der Oberseite des Flügels schneller als auf der Unterseite. Je schneller die Teilchen das Profil umströmen, desto tiefer sinkt nach Bernoulli der Druck gegenüber dem Wert vor dem Flügel. Die Flügeloberseite wird dadurch «angesaugt». Die langsamere Strömung auf der Unterseite hat aber umgekehrt eine Druckerhöhung zur Folge, die dem Flügel ebenfalls eine nach oben gerichtete Kraft verleiht. Die resultierende Druckkraft, die nur durch die Bewegung des Flugzeuges hervorgerufen wird, vermag bei genügend hoher Geschwindigkeit das gesamte Flugzeuggewicht auszugleichen.

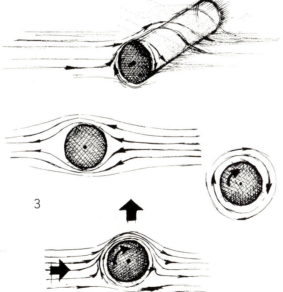

3

1

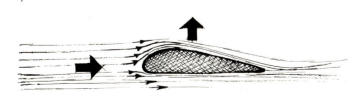

2

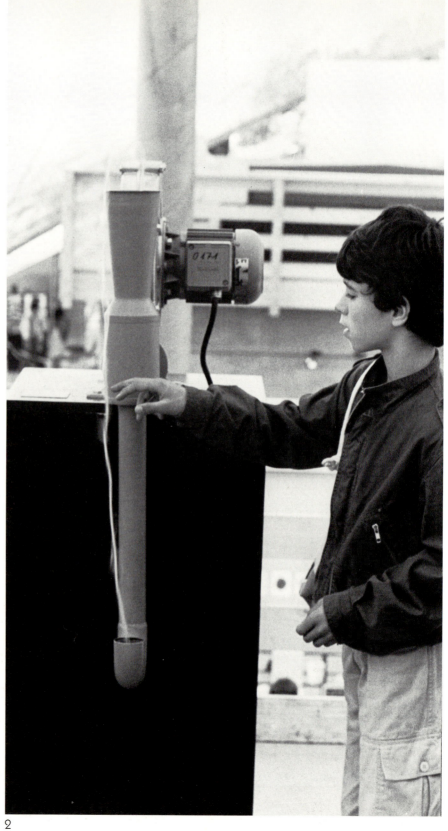

1

2

3

4

1 Ball im Luftstrom (60)

Der Ball bleibt im Luftstrom, auch wenn die Apparatur gekippt wird. Der Ball kann sogar leicht angetippt werden und fällt trotzdem nicht hinunter. Wieso wird der Ball in den Luftstrom zurückgezogen?
Befindet sich der Ball am Rande des Luftstromes, so wird er mit unterschiedlicher Geschwindigkeit umströmt.
Die Geschwindigkeit auf der einen Seite ist grösser als auf der anderen. Bei grösserer Strömungsgeschwindigkeit ist aber der Druck kleiner; folglich wirkt auf den Ball eine Kraft in Richtung Zentrum des Luftstromes.

2 Schnur im Luftstrom (61)

Oben, am Einlauf, wird die Luft angesaugt. Unten, beim Austritt, strömt sie vertikal nach oben, so dass ein Teil der ausströmenden Luft wieder angesaugt wird. Dadurch entsteht eine geschlossene Zirkulationsströmung, die mit einem leichten Faden sichtbar gemacht werden kann.

3 Papierstreifen im Luftstrom (62.1)

Dieses Experiment zeigt zwei Papierstreifen, die durch einen dazwischen verlaufenden Luftstrom nicht etwa auseinandergeblasen, sondern zusammengesogen werden. Dieser Effekt kann mit dem Gesetz von Bernoulli erklärt werden, einer wichtigen Formel der Aero- und Hydromechanik.

4 Tönende Luftsäule, thermisch angeregt (59)

(Das Rijke-Rohr)

Durch Strom werden die Drahtspulen im Rohr erhitzt. Dadurch wird auch die Luft, die die Drähte umgibt, erwärmt und steigt im Rohr auf. Kalte Luft fliesst nun von unten nach und wird ebenfalls erwärmt. Wie in einem Ofenrohr entsteht ein Luftzug nach oben, der einen lauten Ton erzeugt. Angeregt wird bei dieser Anordnung die sogenannte Grundschwingung der Luftsäule im Rohr mit einem «Knoten» in der Mitte. Man beachte den Zusammenhang zwischen Rohrlänge und Tonhöhe.

1

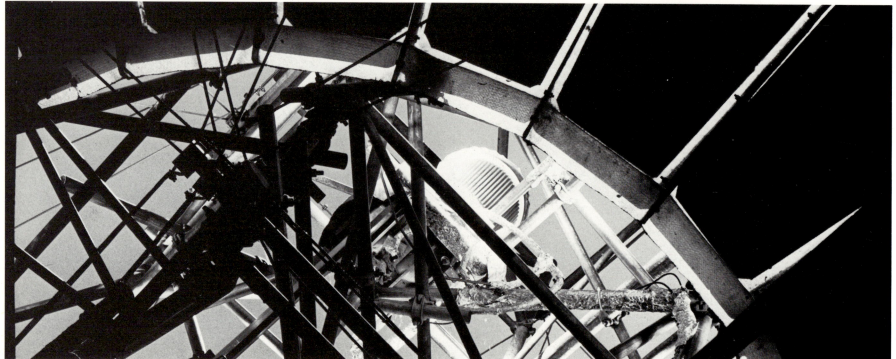

2

Sonnenenergie

1/2 **Sonnenspiegel – Sonnenmotor (232)**

Die Grundidee dieses Projektes ist, in trockenen Gegenden mit Hilfe von Sonnenstrahlen Grundwasser für die Bewässerung der Felder in ein höher gelegenes Reservoir zu pumpen.

Der Parabolspiegel

Sein Durchmesser beträgt 10 Meter. Die 24 Segmente aus glasfaserverstärktem Polyester sind rotationsparabolisch. Sie wurden in einer eigens dafür gefertigten präzisen Negativform gegossen. Die Innenfläche ist mit 70 m² Spiegelfolie beklebt. Dadurch werden die parallel einfallenden Sonnenstrahlen im Brennpunkt gesammelt (fokussiert).

Der Sonnenmotor (Stirling)

Im Brennpunkt des Parabolspiegels, wo die Temperaturen am höchsten sind, befindet sich der Kopf des Motors, in dessen Innerem ein Arbeitsgas erhitzt wird und den Antrieb auslöst. Die Druck- und Wärmeverhältnisse beschreiben einen Kreislauf (Stirling-Kreislauf). Der Kolben wird bewegt und leistet mechanische Energie an der Antriebswelle. Es handelt sich dabei um den umgekehrten Vorgang, wie er bei Kältekompressoren stattfindet. Die gewonnene Energie kann z.B. auf eine Wasserpumpe übertragen werden.

Die Nachführung

Um den Spiegel bei jeder Tageszeit auf die Sonne auszurichten, ist eine automatische Nachführung notwendig (von Ost nach West). Für die Drehung wird eine 20 m lange Kette mittels Elektrozug bewegt. Der vorn am Parabolspiegel angebrachte Sensor steuert die Ausrichtung gegen die Sonne. Die Drehachse des Spiegels verläuft parallel zur Erdachse (Nord–Süd). Zum Ausgleich des jahreszeitlichen Sonnenstandes (Sommer–Winter) lässt sich der Spiegel mit wenigen Handgriffen korrigieren.

Konstruktive Details

Die 24 Spiegelsegmente werden durch eine ausgeklügelte Leichtbauweise zusammengehalten. Prinzipiell ist der Aufbau gleich wie beim Velorad mit Nabe, Speichen und Felge.
– Ein Turm von 5 Meter Höhe, aus Baugerüstmaterial, bildet die Nabe,
– als Speichen dienen Drahtseile, Durchmesser 8 mm,
– die Ringe aus Gerüststangen entsprechen der Felge.

3 **Springbrunnen mit Sonnenenergie (46)**

Durch Solarzellen wird ein Springbrunnen mit der notwendigen Elektroenergie versorgt.

4 **Sonnenkollektoren (43)**

Warmwasseraufbereitung mit Solarzellen.

Mechanik

In der Mechanik finden die revolutionären Entdeckungen eines Kopernikus, Galilei und Newton, die die neuzeitliche Naturwissenschaft eingeleitet haben, ihren sichtbaren Niederschlag. Der eigentliche Begründer der Mechanik als zentraler Wissenschaft der klassischen Physik ist Galileo Galilei, der die Pendelgesetze aus seinen Beobachtungen an der Hängeleuchte im Dom von Pisa und die Gravitationsgesetze (Gesetze der fallenden Körper) aus solchen vom Schiefen Turm ableitete. Die zunehmende Kenntnis der Materie führte zu einer Vielfalt anderer Forschungsbereiche: zu Atomphysik, Mikrochemie, Genetik und Elektronik. Die Mechanik aber ist wohl die am leichtesten überschaubare Wegstrecke dieser beeindruckenden naturwissenschaftlichen Entwicklung bis zur Gegenwart.

In der PHÄNOMENA wird gezeigt, wie die Erde täglich um ihre eigene Achse und jährlich um die Sonne kreist. Die Gesetze des Falles und der Schwere lassen sich von der Terrasse des 30 Meter hohen Schachtes des Gravitationsliftes und die Pendelgesetze an verschiedenen Objekten beobachten. Magnetkräfte werden am eigenen Körper erlebt im schwingenden Käfig, der durch zwei kräftig sich abstossende Permanentmagnete von seiner geraden Bahn abgedrängt wird. Die berührungsfrei gelagerte und elektronisch gesteuerte rotierende Magnetwelle demonstriert die Möglichkeiten heutiger Spitzentechnologie.

Die Drehstühle und Drehscheiben, der Rückstosswagen und die Experimente in der Aerodynamik fordern den Spieltrieb heraus. Unbeantwortet bleibt die Frage der unendlichen Gewichtsverschiebung nach oben im Reich der Pflanzen, die sich den Gesetzen der Gravitation nicht unterordnen.

Rückstosswagen mit Holzkugeln (41)
Durch das Hinunterrollen der Kugel auf der schiefen Ebene wird das Fahrzeug angetrieben.
(Links im Hintergrund: Modell eines Rückstosswagens).

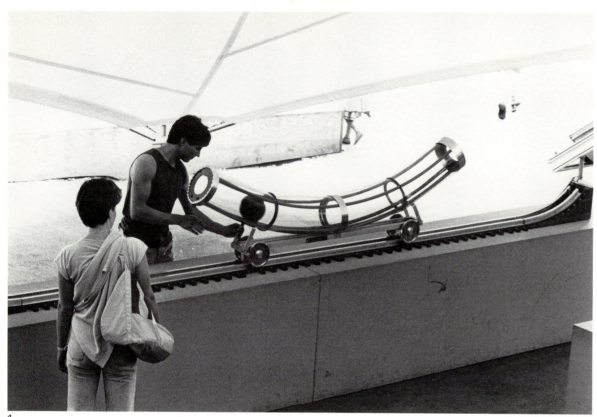

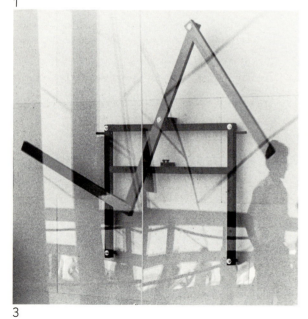

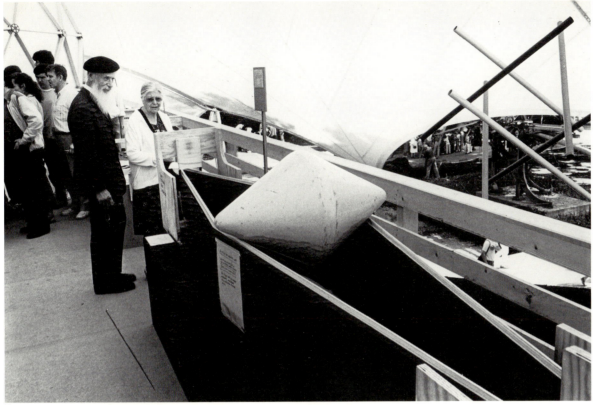

1 Rückstosswagen mit pendelnder Kugel (253)
Das Hinuntergleiten der Kugel in ihrem gebogenen Käfig setzt die kleine Bahn in Bewegung und veranschaulicht das Rückstossprinzip.

2 Mechanisches Wellenmodell (249)
Eine Vielzahl von Querpendeln ist über ein 15 Meter langes Stahlband miteinander gekoppelt. Wird ein Pendel aus seiner Ruhelage gebracht, überträgt sich dieser Impuls von einem Pendel zum nächsten, es erscheint eine mechanische Wellenbewegung.

3 Rottsches Pendel (32)
Das Rottsche Pendel besteht aus drei Stäben; der rechte vertikale Stab ist mit dem horizontalen Stab starr verbunden und bildet ein Element, während der linke vertikale Stab drehbar am horizontalen Stab hängt. Es handelt sich also um ein Doppelpendel, wobei aber die Drehpunkte der beiden Elemente im Gleichgewicht auf einer horizontalen Linie liegen. Das weitere besondere Kennzeichen dieses Doppelpendels ist die Abstimmung der Frequenzen für die beiden Elemente im Verhältnis 1:2; das heisst, dass das angehängte Pendel (für sich allein) zweimal so rasch schwingt wie das ganze Gebilde. Diese Abstimmung bringt es mit sich, dass die gegenseitige Anregung («Koppelung») zwischen den beiden Elementen sich in einem regen Austausch der Bewegungs-Energie manifestiert. Bei nicht zu grossen Anschlägen wird die Energie in regelmässigen Zeitabständen («harmonisch») ausgetauscht. Wenn aber die Ausschläge sehr gross werden, erfolgt der Austausch der Energie erratisch, ja scheinbar chaotisch, und es ergeben sich immer wieder neue Bewegungsformen.

4 Galileisches Pendel (35)
Dieser Versuch zeigt, dass die Schwingungsdauer nicht von der Grösse des Ausschlages, sondern allein von der Pendellänge abhängt. Das Galileische Pendel veranschaulicht auch den Satz von der Erhaltung der Energie.

5 Aufwärtsrollender Doppelkegel (119)
Der Kegel rollt auf den Führungsschienen scheinbar aufwärts. Dank der auseinanderlaufenden Schienen sinkt dabei der Schwerpunkt, das heisst, er «rollt» – wie es nicht anders sein kann – abwärts.

6 Resonanzpendel (52)
Rhythmus ersetzt Kraft
Am einen Ende der Schnur befindet sich ein schwacher Magnet, der an den Pendelkörper gebracht werden kann und an ihm hält. Durch leichtes Ziehen an der mit dem Pendel verbundenen Schnur kann dieses ausgelenkt werden. Wenn stets im richtigen Moment leicht an der Schnur gezogen wird, nimmt die Auslenkung des Pendels immer mehr zu, ohne dass der Magnet abfällt.

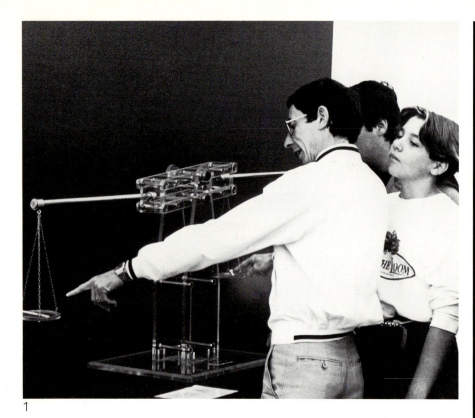

1

2

1 Anti-Dezimal-Waage (54)

Die Waage ist so konstruiert, dass es keine Rolle spielt, an welchem Punkt die Gewichtskraft angreift, denn mit Hilfe einer Parallelogrammechanik ist der Hebel für alle Abstände gleich. Nach diesem Prinzip funktionieren die alten Marktwaagen, bei denen es ja auch nicht darauf ankommt, wie weit von der Mitte entfernt das Gemüse und die Gewichtssteine hingelegt werden.

2 Elektronischer Balancierstab (47)

Das kleine Kunststück des Balancierens eines Stabes auf dem Zeigefinger vollführt diese kleine Anlage auf elektronischem Wege. Darüber hinaus ist sie in der Lage, den Stab aus einer Hängelage durch rasches Hin- und Herfahren des Wagens aufzuschaukeln. Durch einen Sensor wird die Neigung des Stabes ständig gemessen und in einem Regler mit der senkrechten «Ideallage» verglichen. Durch den Regler wird der Wagen, auf dem der Stab in Balance gehalten wird, in seiner Position überwacht und korrigiert. Das gleiche Experiment lässt sich auch mit einem durch ein Gelenk unterteilten Stab durchführen, womit das menschliche Balancevermögen übertroffen wird.

3 Der kürzeste Weg ist nicht der schnellste (42)

Das Experiment zeigt deutlich, dass die Kugel längs der geraden, gleichmässig abfallenden Strecke zwischen zwei Punkten A und B mehr Zeit braucht als auf den nach unten gekrümmten Kurven. Geringer ist die Zeitdifferenz zwischen der Bahn, die einen Kreisausschnitt darstellt, und der Zykloidenbahn (Brachistochrone), auf der die Kugel am schnellsten den Punkt B erreicht.

Der kürzeste Weg ist also nicht der schnellste. Wieso ist die Laufzeit von der Bahnkurve abhängig? Auf alle Kugeln wirkt die Erdbeschleunigung. Aber nur der Anteil der Erdbeschleunigung, der parallel zur Bahn verläuft, kommt der Kugel als Geschwindigkeitsantrieb zugute. Der Teil der Erdbeschleunigung, der senkrecht zur Bahnoberfläche wirkt, drückt die Kugel auf die Unterlage.

Während bei gleichmässig abfallender Bahn der parallel dazu verlaufende Anteil der Erdbeschleunigung konstant ist, nimmt er bei den gekrümmten Bahnen ständig ab, ist jedoch zu Beginn grösser als bei der geraden Bahn. Dadurch erfährt die Kugel auf den gekrümmten Bahnen nach dem Start eine stärkere Beschleunigung als auf der Geraden, so dass sie schneller an Geschwindigkeit gewinnt.

4 Rollversuche auf schiefer Ebene (45)

Die Rollkörper haben alle die gleiche Form und Grösse, aber unterschiedliche Gewichte. Ihre Rollzeiten zwischen zwei sich folgenden Markierungsstrichen und für die ganze Strecke sind im Prinzip gleich. Die Voraussetzung dafür ist aber eine gleichzeitige und exakte Auslösung der Rollkörper auf der schiefen Ebene.

Foucault-Pendel (33) «Und sie bewegt sich doch!»

Im Jahre 1851 hängte der französische Physiker Jean Foucault eine 28 kg schwere Kugel an einer 67 m langen Schnur in der Kuppel des Pantheon in Paris auf und versetzte dieses Pendel in Schwingung. Das schwingende Pendel zeigte in seinem Verhalten die Wirkung der nach ihrem Entdecker, dem französischen Mathematiker Gustave Gaspard Coriolis, benannten Coriolis-Kraft und wies damit gleichzeitig die Drehung der Erde nach, denn diese Kraft wirkt nur auf sich drehender Unterlage.

Nach Coriolis macht ein gradlinig bewegter Körper auf einer sich drehenden Unterlage gleichzeitig auch eine Bewegung senkrecht zur Drehrichtung. Ein bekanntes Beispiel dafür sind die Passatwinde: die aus höheren Breitengraden zum Äquator strömende Luft bleibt hinter der Erddrehung zurück und verursacht Nordost- bzw. Südostwinde. Ein anderes sind die Strudel des abfliessenden Wassers, die sich auf der nördlichen Halbkugel nach rechts und auf der südlichen nach links drehen. Das gleiche Phänomen kann in der Badewanne beim Auslaufen des Wassers beobachtet werden.

Diese Kraft wirkt auf das Pendel. Es bleibt mit seiner Schwingung für den Beobachter hinter der Erddrehung zurück und «dreht» sich am Nordpol scheinbar innert 24 Stunden einmal im Uhrzeigersinn. Gegen den Äquator wird die «Drehung» langsamer. In Zürich messen wir 33 Stunden, und genau über dem Äquator ist die Bewegung Null. Weiter südlich nimmt sie im Gegenuhrzeigersinn wieder zu. In Wirklichkeit ist es aber nicht das Pendel, das sich dreht, sondern unsere Erde.

Die Coriolis-Kraft ist eine Scheinkraft, die nur der Beobachter auf der bewegten Fläche wahrzunehmen glaubt. Von einem Fixstern aus würde man am Nordpol-Beispiel sehen, dass das Pendel immer in gleicher Richtung schwingt, aber die Erde sich darunter wegdreht.

Der Düsenwagen (36)

Der Antrieb des Düsenwagens beruht auf der Erhaltung des Gesamtimpulses in einem abgeschlossenen System, wie beim Wagen mit Rückstossantrieb durch die Holzkugeln. Während dort <u>einzelne</u> Kugeln den Wagen verlassen, strömt hier ein Gas <u>kontinuierlich</u> mit der Geschwindigkeit v aus.
Aufgrund des Satzes von der Erhaltung des Gesamtimpulses kann die Geschwindigkeit v des Wagens nach Ausströmen allen Gases berechnet werden. Dies hat der Russe Ziolkowsky im Jahre 1903 erstmals getan und folgende Gleichung aufgestellt, die die Grundlage der Raketentechnik bildet:
M ist die Gesamtmasse der Rakete (inkl. Brennstoff) und m die Masse des Gefährts ohne Brennstoff. Das Verhältnis der Raketengeschwindigkeit zur Ausströmgeschwindigkeit ist nicht gleich dem linearen, sondern gleich dem logarithmischen Verhältnis der Massen vor und nach Verbrennen des Teibstoffes. Die Raketengeschwindigkeit kann grösser als die Ausstossgeschwindigkeit des Treibstoffes werden. Es genügt, dass das Verhältnis M/m grösser als 2,7... ist. Für einen Beobachter im Startsystem bewegt sich dann der ausgestossene Treibstoff in derselben Richtung wie die Rakete.
Stossen zwei Düsenwagen aufeinander und sind das Massenverhältnis der beiden Wagen sowie ihre Geschwindigkeiten vor dem Stoss bekannt, so können aus der Impuls- und Energieerhaltung die Geschwindigkeiten nach dem Stoss berechnet werden. Bedingung dafür ist allerdings, dass der Stoss elastisch erfolgt, da sonst Bewegungsenergie «verloren» geht. Stösst ein Wagen A auf einen gleich schweren, ruhenden Wagen B, so vertauschen die beiden Wagen ihre Geschwindigkeiten, d.h. der Wagen A bleibt nach dem Stoss stehen, während sich der Wagen B mit der ursprünglichen Geschwindigkeit von Wagen A fortbewegt. Ist die Masse der beiden Wagen dagegen nicht dieselbe, so bewegen sich nach einem Stoss auf den ruhenden Wagen beide Fahrzeuge.

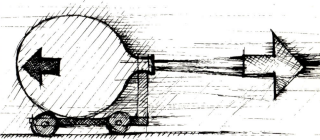

1/2 Gravitationslift (244)

Die Astronauten sind beim Start ihrer Rakete grossen Beschleunigungskräften ausgesetzt. Aber einmal auf der Erdumlaufbahn angelangt, «schweben» sie schwerelos in ihrer Kabine. Ganz anders sind die Verhältnisse auf unserem Erdboden. Wir haben es schwer, aus dem Stand einen Meter hoch zu springen oder uns einen Tag lang auf den Beinen zu halten. Warum? Wir sind andauernd der Erdanziehungskraft – der Gravitation – ausgesetzt. Diese Kraft bestimmt unsere Lebensverhältnisse massgebend. Sie wirkt andauernd, so dass wir sie im Alltag kaum bewusst wahrnehmen.

Im Gravitationslift können uns diese Kräfte bewusst werden. Er beschleunigt in Weltrekordzeit: Während der Fahrt über eine Förderhöhe von nur 18 Meter werden die Passagiere ruckartig einer Beschleunigung und anschliessend einer Fahrtverzögerung von 2,5 Meter pro Sekunde im Quadrat ausgesetzt. Das ist zweieinhalbmal mehr, als man in einem schnellen Hochhauslift fährt und entspricht 25 Prozent der natürlichen Fallbeschleunigung im Einflussbereich der Erdgravitation.

Diese Beschleunigungskräfte sind also deutlich spürbar. Beim Aufwärtsfahren werden wir um 25 Prozent schwerer, bei Erreichen der Höchstgeschwindigkeit von 4,5 Meter pro Sekunde erlangen wir wiederum unser Normalgewicht, das sich beim Abbremsen um 25 Prozent verringert. Bei der Abwärtsfahrt stellt sich für einen Moment das Gefühl der Schwerelosigkeit ein, anschliessend werden wir kräftig in die Knie gedrückt. Diese Geschwindigkeitsveränderungen lassen sich laufend in der Kabine ablesen. Wenn wir während der Fahrt eine Hantel ergreifen, können wir deren Gewichtsveränderung besonders deutlich spüren. Die im Lift aufgestellte Balkenwaage hingegen zeigt keine Reaktion, weil die Gewichte beidseits des Drehpunktes zu jeder Zeit derselben Veränderung der Gravitationskraft ausgesetzt sind.

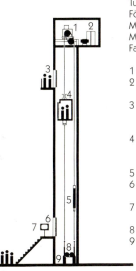

Turmhöhe	30 m
Förderhöhe	18 m
Max. Geschwindigkeit	4,5 m/s
Max. Beschleunigung	2,5 m/s²
Fahrzeit	6 Sek.

1. Direktionsantrieb Transitronic
2. Mikroprozessor-Steuerung Miconic V
3. Obere Plattform für Galileische Fallversuche. 21 m über Boden.
4. Liftkabine für 5 Personen. Leuchtsäule zeigt Gewichtsveränderung an
5. Gegengewicht
6. Zugang zum Aufzug, automatische Türe
7. Bildschirm zeigt Fahrverhalten der Kabine
8. Spannrollen für Antriebsseile
9. Hydraulische Puffer für ein gefahrloses Aufsetzen der Kabine bei allfälliger Überfahrt

1 Galileische Fallversuche (237)

In der Zeit vor Galilei herrschte die Meinung, dass schwere Körper schneller zu Boden fallen als leichte. Mit Fallversuchen am Schiefen Turm von Pisa veranschaulichte Galilei sein Gesetz von der für alle Körper gleich wirkenden Erdbeschleunigung. Diese Versuche sind hier im Prinzip nachgebildet.
Man lässt je eine Kugel aus Blei, Stahl, Aluminium und Holz mit demselben Durchmesser miteinander von der Plattform fallen. Sie werden alle gleich beschleunigt und kommen daher gleichzeitig unten an.

2 Zentrifuge
zur Aufhebung der Schwerkraft (56)

Diese grosse Trommel dreht sich so schnell, dass im obersten Punkt die Zentrifugalkraft grösser ist als die Erdanziehungskraft. Ein hineingelegter Körper fällt deshalb nicht heraus. Das Publikum kann selbst beliebige Körper darin plazieren und wieder herausnehmen. Der gleiche Effekt lässt sich erzielen, wenn z.B. ein voller Wassereimer vertikal im Kreise herumgeschwungen wird, ohne dabei Flüssigkeit zu verlieren.

3 Planetenwaagen (53)

Jedes Gewicht, auch dasjenige unseres eigenen Körpers, ist eine relative Grösse. Es ergibt sich aus der Masse, multipliziert mit der Erdanziehungskraft (Beschleunigung). Wenn Sie auf der Erde 66 kg wiegen, wären Sie auf dem Sirius B, wo die Gravitationskräfte ungeheuer viel stärker sind, 4300 Tonnen schwer. Auf einem Neutronenstern würden Sie gar 8,3 Milliarden Tonnen wiegen, auf dem Enceladus dagegen nur 350 Gramm, auf dem Mond 10,8 kg und auf dem Jupiter 150 kg.

4 Mondwand (55)

Angeseilt, in einer Kletterweste, lassen sich auf dieser Schrägwand Sprünge vollführen unter Gravitationsbedingungen, wie sie auf dem Mond herrschen.

1 **Drehscheibe (51)**

Halten Sie sich mit gestreckten Armen am Bügel, und versetzen Sie sich mit einem Bein in leichte Drehung. Bringen Sie nun Ihren Körper näher zum Haltebügel und damit zur Drehachse, indem Sie Ihre Arme anziehen. Jetzt drehen Sie schneller. Falls es Ihnen zu schnell wird, strecken Sie Ihre Arme einfach wieder. Nach dem gleichen Prinzip macht die Eiskunstläuferin eine Pirouette, indem sie sich bei ausgestreckten Armen dreht und dann ihre Arme eng an den Körper legt.

2 **Drehstuhl (50)**

Auch bei diesem Experiment kommt das physikalische Axiom zur Geltung, nach dem der Drehimpuls in einem abgeschlossenen System erhalten bleibt, sofern keine Kräfte von ausserhalb auf das System einwirken. Durch eine hochwertige Kugellagerung ist der Reibungswiderstand so gering, dass man sich leicht in die überhöhten Drehgeschwindigkeiten versetzen kann. Durch Ausstrecken der Arme und Beine lässt sich die Drehgeschwindigkeit abbremsen.
Zur Anordnung des Drehstuhl-Experimentes gehört ein mobiles Velorad, welches der auf dem Drehstuhl Sitzende ebenfalls selbst antreibt und in seinen Händen festhält.
Betrachten wir eine Person, die auf dem ruhenden Stuhl sitzt und das drehende Velorad senkrecht hält. Das System Drehstuhl-Person-Velorad hat einen Drehimpuls in senkrechter Richtung, hervorgerufen durch die Rotation des Rades. Wird nun die Radachse um 180° gedreht, so erzeugt das rotierende Rad den gleichen Drehimpuls wie zuvor, aber in umgekehrter Richtung. Weil der Drehimpuls im abgeschlossenen System erhalten bleibt, setzt sich nun der Drehstuhl in Bewegung und zwar in entgegengesetzter Richtung zu jener des Velorades.

3

3 Magnetpendelkäfig (236)

Am Fussboden und am Boden des Pendelkäfigs ist je ein starker Permanent-Magnet montiert, und zwar so, dass sich die beiden Magnete gegenseitig abstossen. Wollte man die beiden Magnete zur Berührung bringen, müsste man sie mit 800 kg gegeneinanderpressen.

1

2

3

1 Erdinduktion (57)
Die einfachste Methode zur Erzeugung eines Wechselstromes besteht darin, eine Drahtschleife (leitendes Kabel) wie ein grosses Springseil durch das magnetische Feld der Erde zu schwingen. Jeder Wechselstromgenerator, vom Kraftwerk bis zum Fahrraddynamo, basiert auf dem Induktionsgesetz von Michael Faraday.

2 Hängender Leiter im Magnetfeld (37)
Wird die Stromrichtung im Leiter gewechselt, so löst er sich vom Magnetstab und wickelt sich ebenfalls in der Gegenrichtung auf.

3 Wirbelstrombremse (39)
Die fallenden Aluminiumscheiben werden beim Ein- und Austreten in Magnetfelder in ihrem Fall gebremst.

4/5 Magnetgelagerte Welle (38)
Unser Prototyp wurde vom Institut für Mechanik an der ETH Zürich entwickelt. Die 14 kg schwere Welle ist an beiden Enden durch 4 Magnete in der Schwebe gehalten. In der Mitte wird sie durch Magnetfelder nach dem Prinzip des Elektromotors angetrieben und rotiert berührungsfrei in einem Luftspalt von 10 Millimetern.
Wie lässt sich der Schwebezustand elektronisch steuern?
– Der Abstand zwischen Magnet und Welle wird konstant gemessen und der Strom in den Elektromagneten entsprechend geregelt. Ist der Abstand zu gross, wird der Strom verstärkt, ist der Abstand zu klein, wird der Strom vermindert.

Akustik/Harmonik

Es geht in diesem Bereich vor allem um die Welt, die mit unserem Gehör wahrgenommen werden kann.

Viel stärker, als wir gewöhnlich meinen, sind wir durch unsere Ohren mit der Welt verbunden, können wir doch im Gegensatz zu unseren Augen die Ohren nicht schliessen.

Dass wir gewohnt sind, immer zu hören, zeigt sich, wenn wir den schallarmen Raum betreten. Nähern wir uns mit einem Ohr der schallschluckenden Wand, verspüren wir sogleich einen Druck im Ohr, der Schall kommt nicht mehr zurück. Wir können den Raum nicht mehr hören.

Das Gegenteil zeigt sich im Spiegeldom. Dieser Raum ist eine Kugel und hat einen genauen Mittelpunkt, von dem aus wir uns in jedem Spiegel sehen; wenn wir jetzt sprechen, kommt von allen Seiten das Gesprochene sofort wieder auf uns zurück, wir stehen auch im akustischen Brennpunkt.

Schall lässt sich wie Licht fokussieren, z. B. am akustischen Telefon; über zwei Parabolspiegel können sich zwei Personen über eine weite Distanz in normaler Lautstärke unterhalten, wenn sie sich genau im Brennpunkt befinden.

Dass Licht und Schall sich aber wesentlich unterscheiden, macht der Versuch mit der Glocke im Vakuum deutlich. Schall braucht ein Medium, das ihn trägt; schwingt die Glocke im luftleeren Raum, tönt sie nicht mehr.

Der Schall breitet sich im Medium wellenartig aus. Die Geschwindigkeit, mit der sich der Schall in der Luft ausbreitet, kann am Echorohr gehört werden, dauert es doch etwa 1 Sekunde, bis das erste Echo im 165 m langen Rohr beim Rufer ankommt.

Schallquellen sind immer sich bewegende Körper. Sind die Bewegungen unregelmässig, gibt es ein Geräusch. Sind die Bewegungen regelmässig, ergibt sich ein Klang.

Sehr deutlich zeigt sich das an der Lochsirene; ein konstanter Luftstrom bläst durch eine Lochscheibe, bei grösserer Geschwindigkeit der Scheibe erhöht sich auch der Ton.

Gebildet wird der Ton durch eine gleichförmige (harmonische) Schwingung. Je schneller diese Schwingungen (Frequenz) sind, desto höher ist der Ton. Eine minimale Schwingungszahl pro Zeit ist notwendig, damit er als Ton empfunden wird. Dass Töne mit dem ganzen Körper wahrgenommen werden, merken wir beim Spielen des grossen Gongs oder der chinesischen Tempelglocke, der wir durch leichtes, gleichmässiges Reiben einen anhaltenden an- und abschwellenden Ton entlocken können, der uns bis in unser Innerstes mitschwingen lässt – wir kommen selber in «Resonanz». Resonanz ist ein Grundphänomen in der Welt der Töne.

Der grosse Gong im Bambusturm (257)

Sehr eindrücklich erfahren wir sie am Resonanzpendel. Mit wenig Kraftaufwand können wir das riesige Gewicht zum Schwingen bringen, wenn wir den Rhythmus oder die Schwingung beachten. Die grosse Metallplatte kann durch kleine Lautsprecher zum Mitschwingen gebracht werden, aber nur, wenn die Schwingungszahl (hier die Frequenz des elektrisch erzeugten Sinustons) mit den Massen der Platte im richtigen Verhältnis steht. Der aufgestreute Sand zeigt uns dann das Schwingungsbild oder Klangbild. Unsere Augen sind nicht schnell genug, das Schwingen einer Saite wahrzunehmen. Durch Projizieren der schwingenden Saite über einen Drehspiegel als Schattenbild an die Wand können wir die Bewegung der Saite an einer Stelle beobachten. Es zeigt sich, dass die Saite gleichzeitig verschiedene Schwingungen ausführt. Sie schwingt in allen Obertönen oder Naturtönen.

Die Reihe der Obertöne ist eine arithmetische Folge: 1, 2, 3, 4, 5, 6, 7 usw..., die Folge bricht nicht ab, strebt also ins Unendliche.
Durch eine spezielle Spielweise kann man die Obertöne oder Teiltöne am Monochord hörbar machen. Während des Anzupfens der Saite berührt man diese leicht noch an einer anderen Stelle, und liegt diese Stelle genau auf dem Knotenpunkt einer Teiltonschwingung, ist ein klarer, entsprechend höherer Ton hörbar (Flageoletton).
Dieses Obertonspektrum zeigt auch, dass es unmöglich ist, einen Ton ganz zu hören, strebt er doch selber zum Unendlichen. Die Obertöne werden bei allen Tonquellen verschieden angeregt – je nach Art des Instrumentes und der Spieltechnik ertönt ein anderes Obertonspektrum.
Das elektronische Ch'in-Instrument zeigt Verwandtschaft zu einem alten chinesischen Instrument, das speziell gebaut ist, um Obertonmusik zu machen. An Stelle des Resonanzkastens, der ja immer eine eigene Auswahl von Obertönen hervorhebt, werden die reinen Schwingungen der Saite elektronisch verstärkt, wir hören, wie die Saite schwingt.
Das **klingende Lambdoma** lässt uns den Tonbereich eines Grundtones hören und sehen. Auf den ersten Blick ist eine strenge Struktur erkennbar. Durch ein leichtes Anschlagen der Messingrohre erschliesst sich diese auch unseren Ohren.
Ausgehend vom Grundton 1:1/1, gestimmt auf A, finden wir die entsprechenden Obertöne bis zum 12. Oberton mit der zwölffachen Schwingungszahl des Grundtones. Rechtwinklig dazu finden wir die Untertonreihe mit den Schwingungszahlen ½, ⅓, ¼ – 1/12 des Grundtones.

Von jedem Oberton geht eine Untertonreihe aus, von jedem Unterton eine Obertonreihe. Dass in diesem System jeder Ton in einem genauen Zahlenverhältnis zum Grundton steht, ist einleuchtend und durch unsere Ohren wahrnehmbar. Das klingende Lambdoma gibt uns die Möglichkeit, verschiedenste, auch ungewohnte Tonreihen zu spielen.
Mit dem Teilungskanon können diese Intervalle auch aufs Polychord übertragen werden.
Das logarithmische Lambdoma zeigt uns die Verhältnisse eines Tonbereichs entsprechend unserem Hörsinn.
Ausgehend vom Grundton, erhebt sich die Figur über 5 Oktaven bis zum 32. Oberton, nach unten entsprechend durch 5 Oktaven bis zum 32. Unterton.

Kymatik

Das Wort Kymatik ist gebildet aus dem griechischen Wort für Welle – Kyma. Eingeführt hat diesen Begriff der Arzt Dr. Hans Jenny, Dornach.
Ausgehend von Chladnis Versuchen, akustische Schwingungen sichtbar zu machen (Chladnische Klangplatten), zeigte Jenny den Zusammenhang zwischen Periodizität (Schwingungen), Form und Struktur sowie den Kräften (Kinetik, Dynamik). Dass diese Dreiheit formbildend ist (Urphänomene), zeigen sehr schön die Wasserwellen, die an einer Wellenwanne sowie am Wellenkanal gezeigt werden.
Das 15 m lange Modell einer Querwelle zeigt eindrücklich die Eigenheiten der Wellenbewegung. Produzieren wir durch richtigen Bewegungsrhythmus eine «stehende» Welle, wird die Welle als Gesamtheit in ihrer Form fixiert.
Dass diese Wellenmuster sich auch in harten elastischen Metallplatten ausbilden, wenn sie in Schwingung versetzt werden, kann der Besucher an den 14 verschiedenen Klangplatten selber prüfen; der Zusammenhang zwischen Tonhöhen und Schwingungsbild wird augenscheinlich. An den grossen Metallplatten mit Sinusgenerator kann man diese Zusammenhänge systematischer untersuchen.
Dass sich auch auf Membranen aus weichem Material Klangbilder hervorbringen lassen, zeigt sich am Tonoskop. Da man dabei seine eigene Stimme braucht, fühlt man den Zusammenhang des Musters mit dem Ton viel stärker, die Frage taucht auf: lassen sich Beziehungen zwischen unserer Stimme und Sprache und den Mustern finden?

Harmonik

Auch die Harmonik ist mit der Akustik nahe verwandt.

Durch Experimente am Monochord entdeckte Pythagoras (griechischer Gelehrter, um 500 v. Chr.) den Zusammenhang von Zahl und Tonverhältnissen.
Das Monochord gilt als das älteste wissenschaftliche Versuchsinstrument. Teilen wir eine gespannte Saite genau in der Mitte, erklingt ein Ton, der beinahe mit dem Ton der ganzen Saite zusammenklingt; wir bezeichnen ihn auch mit demselben Namen oder Buchstaben, das Tonverhältnis oder Intervall heisst Oktave, die beiden Töne stehen im Verhältnis 1:2.
Spielen wir die Saite auf beiden Seiten des Steges, erklingen zwei gleiche Töne (Prim). Durch Verschieben des Steges aus der Mitte ändert sich der Ton auf beiden Saitenabschnitten.
Wird die Saite länger, wird der Ton tiefer. Dadurch wird der Ton auf dem anderen Teilstück höher. Die Schwingungszahl steht zur Saitenlänge (Wellenlänge) im umgekehrten Verhältnis.
Dass Tonverhältnisse, die wir als wohlklingend (konstant) empfinden, immer ganzzahlig sind, können wir mit dem Metermass nachmessen.
Durch gleichzeitiges Projizieren der beiden Saitenschwingungen mittels eines Laserstrahls über ein Spiegelablenksystem kann die Ganzzahligkeit auch über unsere Augen an den Lissajous-Figuren mitverfolgt werden.

Im Mikrokosmos

Das Licht von Wasserstofflampen zeigt, durch ein Glasprisma betrachtet, vier farbige Linien (Spektrallinien). Johann Jakob Balmer (1825–1898), nach dem diese Linien benannt sind, bemerkte, dass die Wellenlängen in einfachen Zahlenverhältnissen stehen.

Harmonikale Gesetze

Für unsere Musik spielen diese ganzzahligen Proportionen eine wichtige Rolle; dass aber diese Intervalle auch ausserhalb der Musik zu finden sind, wurde immer wieder durch verschiedene Forscher aufgezeigt. 1619 veröffentlichte Johannes Kepler seine «Weltharmonik». Er befasste sich mit Geometrie, Musik und Astronomie. Kepler versucht zu zeigen, dass die Welt nach Harmonien gebaut ist. Neben den drei heute noch gültigen grundlegenden Planetengesetzen fand er heraus, dass in den Planetenbewegungen reine Intervallverhältnisse vorkommen, nämlich in den Winkelgeschwindigkeiten.

Hans Denzler

Das nebenstehende Bild zeigt das klingende Lambdoma (87). Es lässt uns den Bereich eines Grundtones optisch und akustisch wahrnehmen und veranschaulicht mit seinen 144 tönenden Rohren unseren musikalischen Klangraum.

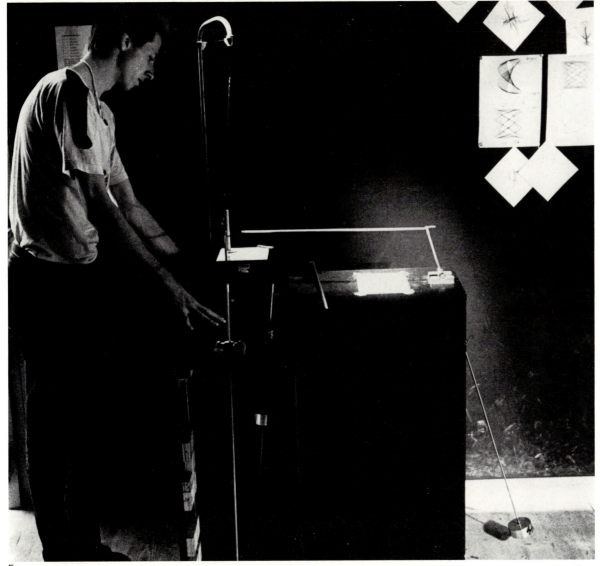

1/2 Lissajous-Figuren am Monochord mit Laserstrahl (90)

Durch Anschlagen der Saite beidseitig des Steges wird das Tonverhältnis nicht nur hörbar, sondern das Intervall zeigt sich gleichzeitig in der Laser-Projektion und verändert sich durch Verschieben des Steges. Die Projektionen (Lissajous-Figuren) zeigen bei ganzzahligen Schwingungsverhältnissen geschlossene Linienbilder.

3 Logarithmisches Lambdoma (89)

(nach Dr. Rudolf Stössel)

Es zeigt die Verhältnisse der Tonbereiche, wie sie durch unser Gehör wahrgenommen werden.

4 Schwingende Saite mit Drehspiegel (92)

Durch Projektion über einen Drehspiegel lässt sich die Bewegung der schwingenden Saite örtlich beobachten, und es zeigt sich, dass die Saite gleichzeitig verschiedene Schwingungen ausführt.

5 Lissajous-Pendel (mit 2 Pendeln) (91)

(Sinograph)

Anstelle der Tonfrequenzen schwingen hier zwei Pendel rechtwinklig zueinander, wobei ein Stift die Überlagerungsfigur aufzeichnet.

6 Die sieben konstanten Intervalle und die Prim als Lissajous-Zeichnung.

5
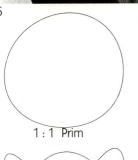 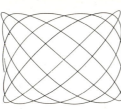 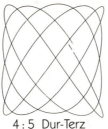 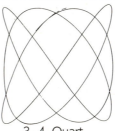

1:1 Prim   5:6 Moll-Terz   4:5 Dur-Terz   3:4 Quart

6
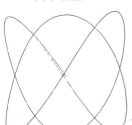 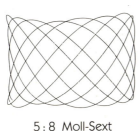 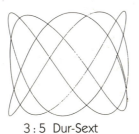 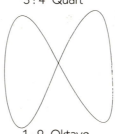

2:3 Quint   5:8 Moll-Sext   3:5 Dur-Sext   1:2 Oktave

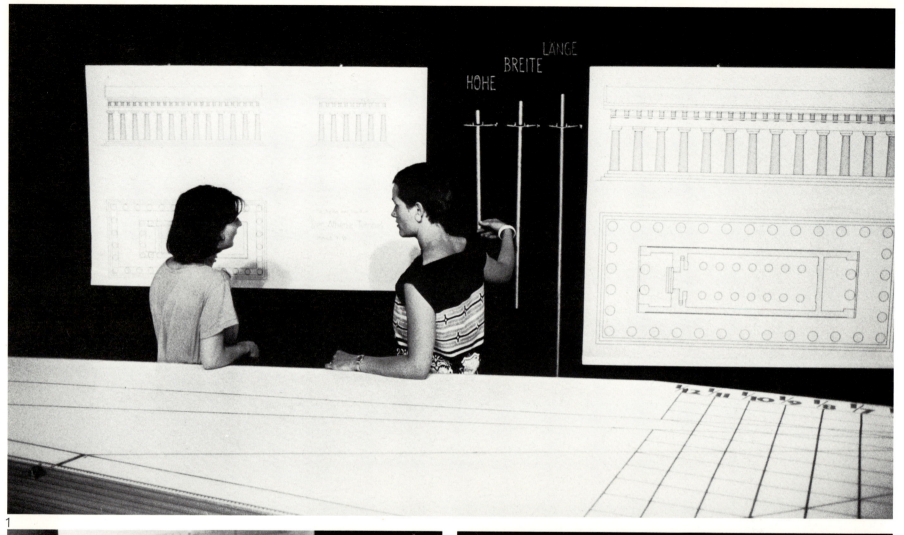

1

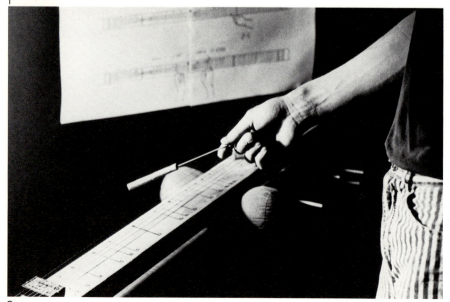

2

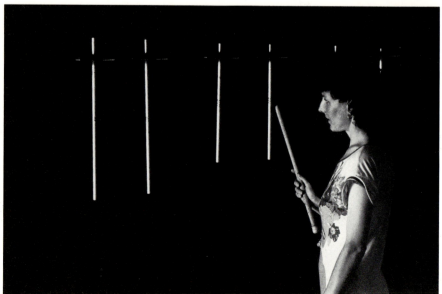

3

1/4 <u>**Harmonikale Gesetze in der Architektur (82)**</u>
(Am Beispiel der drei griechischen Tempel von Paestum)
Übertragen wir die Masse der Bauten als Saitenlängen auf das Polychord, können wir die architektonischen Proportionen als Intervalle hören.

2   <u>**Ch'in (chinesisches Saiteninstrument) (85)**</u>
zur Hervorhebung der Obertöne

3   <u>**Winkelgeschwindigkeit der Planeten (84)**</u>
Johannes Kepler entdeckte die Gesetze der Planetenbewegung und die Entsprechungen ihrer Winkelgeschwindigkeiten zu den reinen Intervallen. Jeder Planet ist mit den seinen Winkelgeschwindigkeiten entsprechenden Klangstäben vertreten.

<u>**Die Winkelgeschwindigkeiten der Planeten in Aphel und Perihel bilden Intervalle**</u>

Saturn	P	135	5/4	Dur-Terz
	A	106		
Jupiter	P	330	6/5	Moll-Terz
	A	270		
Mars	P	2281	3/2	Quinte
	A	1574		
Erde	P	3678	16/15	Halbton
	A	3423		
Venus	P	5857	25/24	Diesis
	A	5690		
Merkur	P	23040	9/8	Sekunde
	A	9480		

(in Winkelsekunden pro Tag)

1

2

3

4

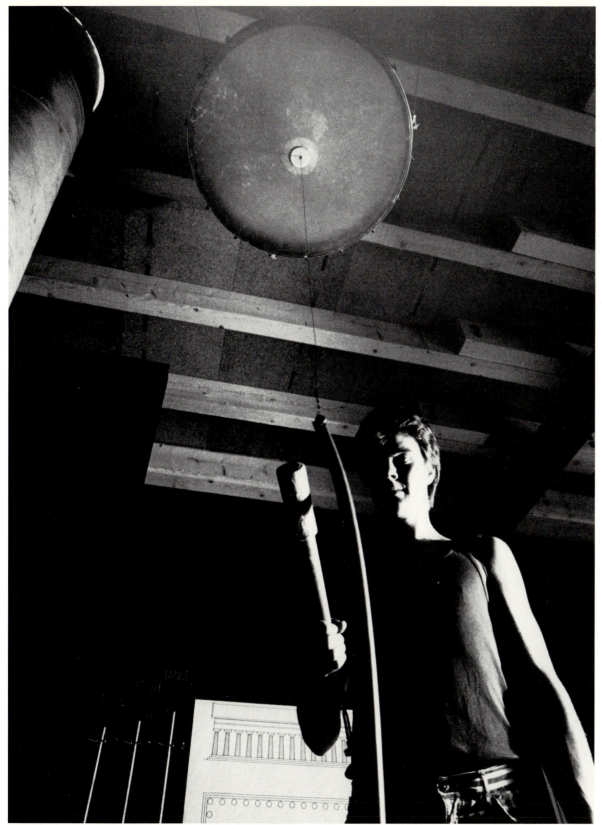

1 **Chinesische Tempelglocke (88)**
Dieser Klangkessel aus Bronze wird zum Klingen gebracht, indem man mit einem Reibholz dem Rand entlang fährt.

2 **Schallarmer Raum/Schallübertragung mit Hohlspiegeln (74 + 75)**
Durch eine besondere Auskleidung der Wände wird der Schall am Reflektieren gehindert. In diesem Raum lässt sich trotz der schallschluckenden Eigenschaften das Ticken einer Uhr hören, die im Brennpunkt eines Schallspiegels in drei Meter Entfernung über einem zweiten Schallspiegel montiert ist. Die akustischen Verhältnisse sind hier so ungewohnt, dass es schwerfällt, sich mit dem Gehörsinn zu orientieren. Hingegen lässt sich bei geschlossenen Augen ein Unterbruch der schallhemmenden Auskleidung deutlich feststellen.

3 **Helmholtz-Resonatoren (86)**
Die Glaskörper in verschiedenen Grössen geben durch eine kleine Öffnung die jeweils von ihnen absorbierte Schallfrequenz preis.

4 **Glocke im Vakuum (93)**
Der Schall braucht ein Medium, in dem sich seine Schwingungen ausbreiten können. Im Vakuum fehlt dieses Medium (Luft), und die Glocke verstummt.

5 **Freihängende Saite (241)**
Die Saite ist im Zentrum eines Trommelfelles montiert. An ihrem unteren Ende hängt ein Broncestab. Die Trommel verstärkt die Klänge der Saite und des Klangstabes. Durch diese Anordnung entstehen unerwartete Klänge, die sich durch die Spannung der Saite verändern.

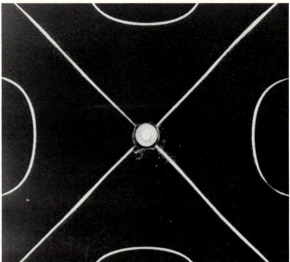

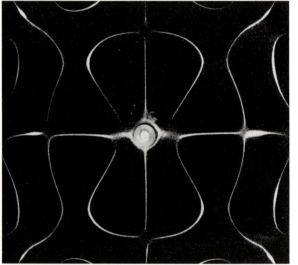

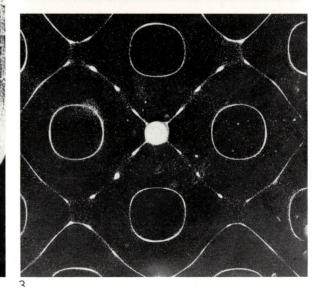

1 **Elektrisch erregte Klangbilder (76)**
Die hier gezeigten Quarzsand-Figuren, erzeugt durch einen Tongenerator, sind das Resultat der Übereinstimmung zwischen Schwingungszahl des Tones und Eigenfrequenz der Metallplatte.

2 **Tonoskop (242)**
Die chladnische Klangforschung wurde durch den Schweizer Arzt Hans Jenny weiterentwickelt zu einem eigenständigen Forschungsgebiet, der Kymatik. Hans Jenny ist auch der Erfinder des Tonoskopes. Das Tonoskop lässt Klangbilder der menschlichen Stimme sichtbar werden, die sich augenfällig zu verschiedenen Vokalen und Konsonanten zuordnen lassen.

3/4 **Klangbilder nach Chladni (77)**
Durch Streichen der Metallplatte (z. B. mit einem Cellobogen), senkrecht von oben nach unten, wird die Platte in Schwingung versetzt. Anstelle von Knotenpunkten treten Knotenlinien (Klangbilder) auf, die je nach Form und Grösse der Metallplatte variieren und durch den aufgestreuten Quarzsand sichtbar werden. Dieses Phänomen wurde vom Begründer der experimentellen Akustik, Ernst Friedrich Chladni, entdeckt.

Mathematik

Das Bestreben der Ausstellung sollte nicht nur dahin gehen, Themen und Objekte darzustellen, die sich ausstellungstechnisch besonders anbieten. Die grosse Bedeutung der letztlich alles umfassenden Mathematik, welche auch sämtlichen Bereichen der PHÄNOMENA zugrunde liegt, durfte nicht vernachlässigt werden. Es zeigte sich bald, dass diese zu Unrecht als trockene Materie gescholtene Wissenschaft sich anschauliche und überraschungsreiche Aspekte abgewinnen lässt, zur Bereicherung und sicher auch zur Freude vieler Besucher. Anhand von bewegten Objekten war es möglich, von einfachen Lehrsätzen bis zu komplexen Zusammenhängen bildhafte Vorstellungen und mathematische Erlebnisse zu vermitteln. Mit der Ballwurfanlage und ihrem elektronischen Zählwerk wird eine Wahrscheinlichkeitsrechnung veranschaulicht. Bei Legespielen mit flächengleichen Vielecken lässt sich der pythagoreische Lehrsatz selbst entdecken, und aus dem umstülpbaren Würfelgürtel nach Paul Schatz tritt uns ein bisher unbekannter geometrischer Hüllkörper – das Oloid – entgegen. Wer Polyeder im Drahtmodell in Seifenlauge taucht, kann sich vertraut machen mit dem Phänomen der Minimalflächenbespannung, dem selben Prinzip, nach dem auch unsere Zeltbauten konstruiert sind, und wird auch Bekanntschaft schliessen mit dem «vierdimensionalen Würfel», dem Hyperkubus. Wackelpolyeder eröffnen ebenso unerwartete Perspektiven der Geometrie wie die chronometrischen Konstruktionen, wo sich aus 2 Geraden ein Kreis oder aus 2 Kreisen eine Gerade bilden lässt.
Eine besondere Überraschung für den Besucher ist die Lösung des Unlösbaren: die Dreiteilung des Winkels, die Verdoppelung des Würfels und die Quadratur des Kreises, welche im Bauplan des menschlichen Körpers veranlagt ist. In der mathematischen Abteilung befindet sich auch der geodätische Dom, welcher erstmalig an der PHÄNOMENA innen vollständig verspiegelt werden konnte.

Der Spiegeldom (106) ist ein aus 135 verspiegelten Dreieckselementen bestehendes Ikosaeder. Siehe auch Seite 73.

1/2 **Spiegeldom (106)**
¾ Ikosaeder 3. Frequenz

Die Ausgangsform des Doms ist ein regulärer Zwanzigflächner oder Ikosaeder, dessen Kanten je dreimal unterteilt sind, so dass aus jedem der 20 gleichseitigen Dreiecke 9 kleinere Dreiecke entstehen.
Man stelle sich nun die Umkugel des Ikosaeders vor. Auf ihr liegen alle Eckpunkte des Ikosaeders. Die Eckpunkte der neuen Teildreiecke sind auf diese Kugeloberfläche mit einem Radius von 3,40 m angehoben. Im Gegensatz zur Zeichnung in der Ebene (Fig. 1) sind die 9 Dreiecke nicht alle gleich gross. Es gibt zwei verschiedene Grössen von Dreiecken an diesem Dom: die einen gruppieren sich zu Sechsecken und die andern zu Fünfecken. In den Zentren der Fünfecke liegen die Ecken des Zwanzigflächners, von dem wir ausgegangen sind.
Um den Dom am Boden aufsetzen zu können, ist der untere Teil weggelassen worden. Dies macht einen Viertel aller theoretisch möglichen Dreiecksflächen aus, weshalb auch von einem ¾ Ikosaeder gesprochen wird. In dieser reduzierten Form besteht der Dom aus 210 Kanten und 135 Dreiecksspiegeln zweier verschiedener Grössen, bzw. aus 204 Kanten und 129 Spiegeln, da ja noch die Eingangsöffnung ausgespart ist.
Wieso hat man den Dom nicht aus 129 gleichen Dreiecksspiegeln gebaut? Weil dies unmöglich ist. Die 20 Flächen des Ikosaeders stellen nämlich die maximale Anzahl gleichseitiger Dreiecke dar, mit der die Kugelgestalt angenähert werden kann. Die Ikosaederflächen könnten noch in je drei gleichschenklige Dreiecke unterteilt werden, womit die maximale Anzahl gleicher – aber nicht gleichseitiger – Dreiecke 60 beträgt. Bei jeder weiteren oder anderen Unterteilung (wie eben hier im Dom) erhalten wir verschiedene Formen von Dreiecken, unter der Voraussetzung, dass alle Eckpunkte auf der anzunähernden Kugeloberfläche liegen.
Bei unserem Dom liegt der Brennpunkt in der Mitte auf **1,90 m** vom Boden.
Beispiele: Der Fussball besteht aus 20 Sechsecken und 12 Fünfecken: Ikosa trunctus
(Schildkröten haben auf dem Panzer viele Sechsecke, doch plötzlich treten Fünfecke auf!)
Der erste geodätische Dom wurde 1921 in Jena für das erste Planetarium der Welt gebaut (Dr. Bauersfeld, Carl-Zeiss-Werke). Bis heute hat man in Amerika bei Doms auf richtige Glas-Spiegel-Auskleidung verzichtet, weil man Überschall-Flugzeuge fürchtete, obwohl man von den wunderbaren kaleidoskopischen Effekten wusste.

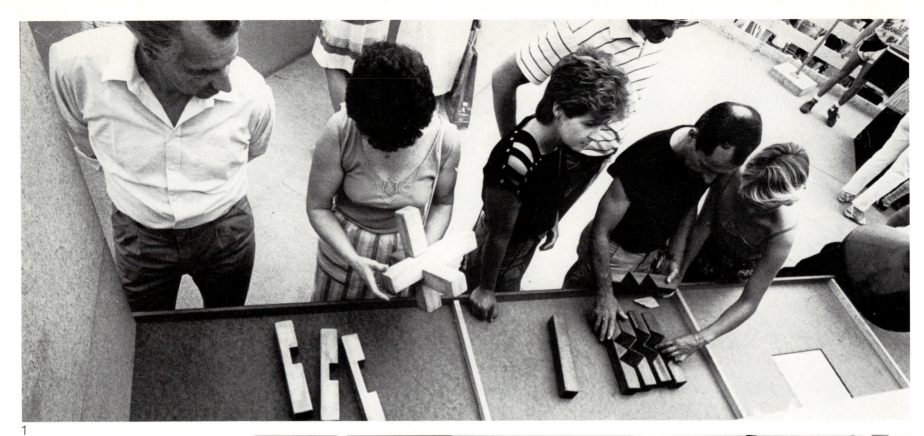

1

2

1/2 Flächengleiche Polygone (121 + 122)

Mit dem Zerlegen von Vielecken und der Umwandlung derselben durch Neuordnung einzelner Teile beschäftigte sich vor allem der englische Mathematiker Dudeney (1857–1930). So werden elementare mathematische Gesetzmässigkeiten durch spielerische Einkleidung erfahrbar.

3 Sphärisches Dreieck (105)

Die Winkelsumme beim Dreieck ist bekanntlich 180°. Das sphärische Dreieck besteht aus drei rechten Winkeln, und die Winkelsumme beträgt 270°. Allerdings muss das Dreieck so gekrümmt werden, dass es den achten Teil einer Kugeloberfläche ausmacht.

4 Volumenvergleiche: Zylinder, Kugel und Kegel (114)

Erstaunlicherweise stehen sie im Verhältnis 3 : 2 : 1.

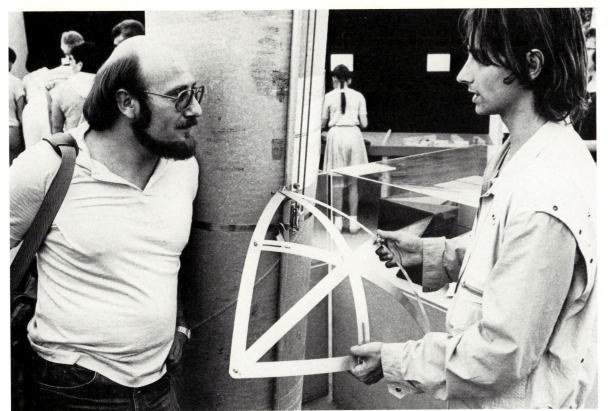

3

4

1 Kettenlinienbogen (104)

Die Linie, die eine Kette bei freier Aufhängung an zwei Punkten bildet, heisst Kettenlinie und ist mathematisch exakt bestimmt. Eine solche auf den Kopf gestellte Kettenlinie kann aus präzise ausgesägten Holzklötzen gebaut werden. Jedes Holzstück wird gemäss seiner Nummer auf die vorgezeichnete Kurve auf der Tischplatte gelegt, so dass die schwarze Seite nach innen weist. Dann wird das Brett, auf das der Bogen zu stehen kommt, langsam aufgerichtet, bis der Bogen steht, worauf die Platte wieder hintergekippt wird und so einen freistehenden Bogen hinterlässt. Wird der Bogen leicht angestossen, so schwingt er in der gleichen Art und Weise wie die aufgehängte Kette, ohne einzustürzen.

2 Wahrscheinlichkeitsspiel mit der Zahl Pi (103)

Die Bälle werden in den Kubus geworfen. Die Anzeige zählt alle hineingeworfenen Bälle und teilt diese Zahl durch die Anzahl Bälle, die in einem der Zylinder landen. Die Wahrscheinlichkeit, dass ein Ball in einem Zylinder landet, ist gleich dem Verhältnis der Fläche, die durch Zylinder abgedeckt ist, zur Gesamtfläche des Bodens. Die Zylinder sind nun so gewählt, dass sie den gleich grossen Umfang wie die am Boden eingezeichneten Quadrate haben. Auf vier Quadrate entfällt ein Zylinder. Das dadurch entstandene Verhältnis der Gesamtfläche zur Zylinderfläche wird als Pi bezeichnet. Es ist dasselbe Verhältnis wie zwischen Kreisumfang und Kreisdurchmesser.
Bei jedem Wurf ist die Wahrscheinlichkeit, dass der Ball in einem Zylinder landet 1/Pi. Je mehr Bälle geworfen und gezählt worden sind, desto näher kommt die Anzeige im Prinzip der Zahl Pi. Da es im Zusammenhang mit der Wahrscheinlichkeit kein Gedächtnis gibt, muss die Annäherung jedoch nicht gleichmässig erfolgen.

3 Chronogeometrische Phänomene (112)

(nach Hans R. Bachofner)

Kreise ohne Zirkel
aus zwei geradlinigen, bipolar-komplementären Sinus-Kosinus-Bewegungen mit der Länge der Kreisdurchmesser

Die Ellipse
aus zwei geradlinigen, bipolar-komplementären Sinus-Kosinus-Bewegungen mit den Längen der grossen und kleinen Ellipsenachse

Gerade ohne Lineal
aus zwei bipolar-komplementären Kreisbewegungen

Winkel
chronogeometrische Konstruktion beliebig vorgeschriebener Winkel

Beliebige Teilung beliebiger Winkel
chronogeometrische Konstruktion beliebiger, regelmässiger Vielecke

Würfel
beliebig vorgeschriebene Veränderungen des Würfelvolumens

1 **Umstülpbarer Würfelgürtel (111)**
Der Würfelgürtel ist ein Gebilde aus sechs Tetraedern, das sich endlos umstülpen lässt. Der Gürtel zeigt während des Umstülpens einen Vierer-Rhythmus und kann in der Mittelstellung zu einem Würfel mit dem dreifachen Volumen des Gürtels ergänzt gedacht werden. Der Würfelgürtel auf unserem Bild wird vom Demonstrator umgestülpt.

2 **Oloid (254)**
Beim Umstülpen des Würfelgürtels beschreibt jede Würfeldiagonale im Raum eine Bewegung. Im Laufe einer vollen Umstülpung umschliesst diese Bewegung die Form des Oloids. Seine Oberfläche ist daher abwickelbar. Das Oloid ist ein Wälzkörper, der sich taumelnd auf einer ebenen, leicht schräg gehaltenen Laufbahn bewegt. Während der Schwerpunkt eines entsprechend rollenden Zylinders stets denselben Abstand zur Abrollebene behält, ändert sich dieser Abstand beim rollenden Oloid während einer einzigen Abrollbewegung viermal.
Das Oloid ist eine Erfindung von Paul Schatz, das er sowohl als Antriebskörper in der Schiffahrt wie auch als Mischkörper vor allem auf dem Felde der Wasseraufbereitung vorgesehen hat.

1 **Yoshimoto-Würfel (255)**
Dieses Modell zeigt, welcher Formenreichtum in einem Würfel verborgen sein kann.

2 **Wabengebilde nach Carl Kemper (117)**
Sich vielfältig durchschneidende Ebenen aus dem Zentrum der platonischen Körper ergeben Waben, hergeleitet aus der projektiven Geometrie.

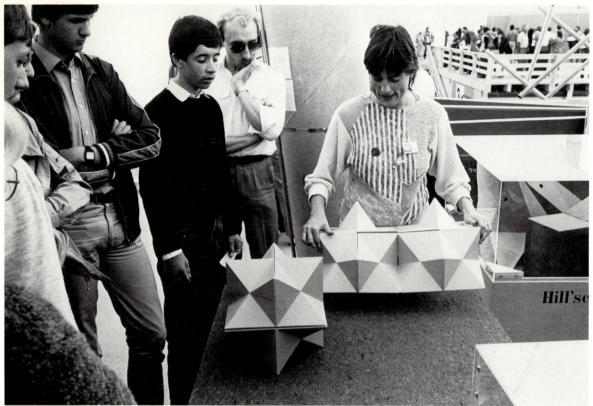

3

Wackelpolyeder (110)

Wackelpolyeder sind Vielflächner, die von starren, längs der Kanten gelenkig verbundenen, ebenen Polygonen berandet sind und eine Deformation gestatten. Man stelle sich eine geschlossene Oberfläche vor, die aus flachen Kartonstücken zusammengesetzt ist und längs der Kanten mit Klebstreifen zusammengehalten wird. Kann das Polyeder seine Form ändern, ohne dass der Klebstreifen reisst oder der Karton sich biegt, so handelt es sich um ein Wackelpolyeder. Fotobalge funktionieren zum Beispiel nur mit weichem Material; sie sind somit keine echten Wackelpolyeder, d.h. mathematisch unrein.

Im Jahre 1812 bewies der bekannte französische Mathematiker Cauchy, dass konvexe, d.h. nach aussen gewölbte Polyeder unbeweglich sind. Man verallgemeinerte diesen Satz und postulierte, dass auch konkave, d.h. nach innen gewölbte Polyeder starr seien. 1897 jedoch widerlegte R. Bricard, ein französischer Ingenieur, diese Annahme. Er fand bewegliche Oktaeder-Stabwerke, die allerdings nicht als Polyeder ausgeführt werden konnten, da sie Überschneidungen aufwiesen.

Erst in neuerer Zeit gelang es R. Connelly und K. Steffen, das Bricardsche Modell so abzuwandeln, dass wirkliche, bewegliche Polyeder entstanden. Die Beweglichkeit dieser Polyeder ist allerdings durch einander gegenseitig behindernde Teile stark eingeschränkt. Der Volumeninhalt der bis heute gefundenen mathematisch reinen Wackelpolyeder bleibt konstant.

Es wird deshalb allgemein angenommen, dass bewegliche Polyeder ihren Volumeninhalt nicht ändern. Wenn jedoch ein Polyeder gefunden würde, das seinen Volumeninhalt während der Bewegung änderte, gäbe es keine Zerlegungsgleichheit zwischen zwei verschiedenen Positionen des Wackelpolyeders mehr.

Ein erstes, mathematisch allerdings nicht reines Beispiel für ein Wackelpolyeder mit veränderlichem Volumeninhalt ist die Siamesische Zwillingsdoppelpyramide von M. Goldberg. Weitere neuere Modelle zeigen praktisch vollkommen zwanglos vor sich gehende Bewegungen wie die verschiedenartigen Wackelpolyeder von W. Wunderlich, Wien, und der ausgestellte Sechzehnflächner (Vierhorn) von C. Schwabe, Zürich. Das Vierhorn weist gar zwei platte Grenzformen auf, d.h. sein Volumen kann auf praktisch Null reduziert werden. Die Bewegungen all dieser Wackelpolyeder mit variablem Volumeninhalt sind – wie erwähnt – mathematisch nicht rein, d.h. es treten beim Bewegen ganz kleine, von Auge nicht sichtbare Deformationen an den Kanten und Flächen auf. Aber vielleicht wird eines Tages ein mathematisch reiner Wackelpolyeder mit veränderlichem Volumeninhalt entdeckt und damit die Annahme von der Konstanz des Volumeninhalts widerlegt, wer weiss?

3 Vierhorn (nach Caspar Schwabe)

1

2

3

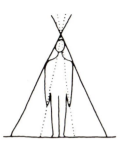

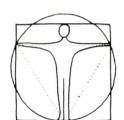

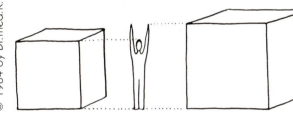

© 1984 by Dr. med. K. Appenzeller, St. Moritz

1–3 Der Mensch ist die Lösung des Unlösbaren (94–97)

Eine Darstellung der drei klassischen Probleme der alten Griechen, die da heissen:

Die Dreiteilung des Winkels
Die Quadratur des Kreises
Die Verdoppelung des Würfels

Die Dreiteilung des Winkels, die Verdoppelung des Würfels und die Quadratur des Kreises – diese drei sogenannten klassischen Probleme der alten Griechen, welche durch Konstruktion mit Zirkel und Lineal bei einer endlichen Anzahl von Schritten unlösbar sind, finden ihre Lösung durch den Bau des menschlichen Körpers.

Legt man einem frei im Raum stehenden Menschen von beiden Seiten je einen Stab so an, dass er Kopf und Schulter dieses Menschen berührt und über dem Kopf den Stab der Gegenseite knapp kreuzt, so erhält man einen aus zwei Stäben gebildeten, nach unten offenen Winkel. Dieser Winkel wird durch die Mittelfingerspitzen bei senkrecht nach unten gehaltenen Armen in drei gleichgrosse Winkel geteilt. –

Ein Mensch, welcher die Arme seitwärts, d. h. in Kreuzstellung ausbreitet, kann von einem Quadrat umschrieben werden, da die Spannweite annähernd gleich der Körpergrösse ist (Leonardo da Vinci). Dieses Quadrat berührt den Menschen am Scheitel, an den Fusssohlen und an den Mittelfingerspitzen. Die beiden Endpunkte der Mittelfingerspitzen, zusammen mit dem Punkt zwischen den geschlossenen Füssen (Mitte der Quadratbasis), bestimmen als drei in einer Ebene gelegene Punkte einen Kreis; dieser Kreis ist dem genannten Quadrat flächengleich. – Ist die Körpergrösse eines Menschen gleich der Seite a eines Würfels, so ist die Höhe der Mittelfingerspitzen bei im Stehen senkrecht nach oben gehaltenen Armen gleich der Seite eines Würfels mit dem doppelten Inhalt, d. h. mit dem Inhalt $2a^3$.

Der Mensch also ist selbst die Lösung der drei genannten Aufgaben. Dies ist nur deshalb möglich, weil er nicht nur ein Bürger der rationalen Welt ist, sondern auch ein Bürger der transzendenten. Dabei sind diese drei Lösungen keine scheinbaren, sondern bei genauerem Zusehen echte Lösungen im Sinne Euklids. Das Urbild des Lineals ist nämlich der Mensch selber durch seine Länge, seine Aufrichtekraft, durch die Kraft der Geraden in ihm; das Urbild des Zirkels ist die sphärische Schwungkraft der Gliedmassen durch die Gelenke; und die endliche Anzahl von Schritten ist die endliche Anzahl Schritte des Menschen auf dem Pfade seines Erdenlebens von der Geburt bis zum Tode. Was mit rationalen Instrumenten undurchführbar, ist durch das Instrument des Leibes möglich, denn dieses ist, selbst in seinem Schreiten auf dem endlichen Pfade, vom Irrationalen, ja vom Transzendenten durchdrungen. – Erst im Verlaufe seiner körperlichen Entwicklung erlangt der Mensch die Masse, welche die Lösung dieser Aufgaben ermöglichen. Er schreitet in seiner Kindheit in diese Masse hinein. Es ist also das Leben selbst der Weg, welcher mit einem lebendigen Zirkel, einem lebendigen Lineal und einer endlichen Anzahl von lebendigen Schritten zu der lebendigen Lösung führt.

Nicht nur Annäherungen an die wahre Lösung dieser drei Aufgaben liegen hier vor. Die Möglichkeit der idealen Winkeldreiteilung, Kreisquadrierung und Würfelverdoppelung liegt im Menschen; dass er sie durch seine Glieder findet, ist eine Frage der Geistesgegenwart. Die Fingerspitzen sind die Träger der Schriftzeichen der Persönlichkeit; ihre Haut ist geprägt von ganz bestimmt gerundeten Linien. Mit den Fingerspitzen, und damit mit der irdischen Petschaft seines Geistes, findet der Mensch, stehend auf der Erde, die Lösungen dieser drei rätselhaften Aufgaben. Der Mensch ist die Lösung des Unlösbaren. (Siehe dazu «Die Quadratur des Zirkels», Zbinden Verlag, Basel).

Dr. med. Kaspar Appenzeller

1–4 Schaubilder komplexer Funktionen (80)
(nach Wilhelm Scharnowell)

In einem bestimmten Bereich der mathematischen Wissenschaft werden grössenmässige Zusammenhänge der Erscheinungswelt untersucht: z.B. der Zusammenhang zwischen der Helligkeit einer elektrischen Lichtquelle und der Grösse des sie durchfliessenden Stromes oder die Bewegung eines Körpers unter der Wirkung von zwei Kräften (Wurfkraft und Erdanziehungskraft).

Solche für Naturwissenschaft und Technik wichtige Zusammenhänge sind meist sehr kompliziert und in der Zeichensprache der Mathematik äusserst unanschaulich. Man überträgt sie deshalb gerne durch besondere Verfahren ins Bildhafte. Derart gewonnene Bilder werden «Schaubilder» genannt. Bei bestimmten mathematischen Grössen, den «komplexen Zahlen», entstehen durch solche Verbildlichungen interessante Formen. Sie erinnern an Gebilde der belebten Natur (Pflanzenformen, Formen niederer Tiere). Für die an sich schwierige Übertragung solcher Gesetzmässigkeiten «des Komplexen» ins Bildhafte wurde von Friedrich Zauner, Villach, ein verhältnismässig einfaches Verfahren entdeckt. Für bestimmte Bereiche berechnete und zeichnete er auch die entsprechenden Schaubilder. Für weitere Bereiche führte Wilhelm Scharnowell, Dortmund, diese Arbeit fort. Er erstellte eine Systematik dieser Bilder und versuchte, durch Bildreihen, immer im Anschaulichen bleibend, die Zusammenhänge zwischen den Schaubildern aufzuzeigen.

Derartige Schaubilder wurden bisher in der Mathematik noch nicht untersucht und gezeigt. Als Beispiel dafür, wie auch in der Mathematik Unanschauliches anschaulich gemacht werden kann, dann aber auch als Anregung zum Weiterarbeiten auf diesem Gebiet, sind die Arbeiten den Besuchern der PHÄNOMENA erstmalig zugänglich gemacht worden.

Der geschulte Mathematiker wird hier ein neuerschlossenes Teilgebiet des Zahlenkosmos begrüssen, das Wege dorthin eröffnet, wo sich Mathematik, Kunst und Formenkunde durchdringen. Dem mathematisch weniger bewanderten Menschen hingegen wird gleichzeitig die Möglichkeit geboten, seinen Blick an ganzheitsbezogenen geometrischen Formumbildungen zu schulen und vergleichende Formstudien im Sinne der Goetheschen Metamorphosenlehre anzustellen. Hier kann sich jeder innerlich lebendig gebliebene Mensch – unabhängig von seiner Vorbildung – in seinem tieferen Wesensbereich angesprochen fühlen. Schon das aktive, formvergleichende Anschauen zusammengehöriger organisch-geometrischer Formen vermag den in jedem Menschen vorhandenen «inneren Mathematiker» zu wecken und zu aktivieren.

Bewegliches Oktaeder (113)
Während sich das Rad dreht, durchgeht das Mobile drei geometrische Körper: das Oktaeder, das Ikosaeder und das Kuboktaeder.

Minimalflächen an Polyedern (101)

Seifenhäute, nicht nur Seifenblasen, bilden immer die kleinstmögliche Oberfläche. Sie können mittels der fünf platonischen Körper im Drahtmodell diese Minimalflächenspannung durch Eintauchen in die Seifenlösung beobachten. Die Seifenhaut nimmt diese Form an, weil sie die spannungsgünstigste ist. Auch die Konstruktion der PHÄNOMENA-Zelte richtet sich nach den selben Minimalflächen-Gesetzen.

Kristalle

Blick in die Kristallausstellung an der PHÄNOMENA

Amethyst-Stufe vom Fieschergletscher VS

Was ist es eigentlich, das uns beim Anblick der Kristalle so beeindruckt? Einerseits sicher die strenge, geometrische Form, wie wir ihr sonst nur im mikroskopischen Bereich begegnen. Andererseits aber auch die Farbenpracht, die uns ans Blumenreich erinnert. Der Bergkristall mit seinem sechsseitigen Prisma und den Rhomboederspitzen erscheint uns in seiner hellen Durchsichtigkeit als substanzlos-gesetzmässiges Lichtgefüge.

Das Wort «Kristall» hat seinen Ursprung im Griechischen des klassischen Altertums. Unter «krystallos» verstand man allerdings nur den Bergkristall, den man für Eis hielt, das nie mehr schmelzen könne, weil es zu stark abgekühlt war und deshalb ewig seine Form behielte. Tatsächlich gibt es auch natürliche Eiskristalle: jede Schneeflocke ist ein einzelner Eiskristall mit immer gleicher Symmetrie. Dies ist oft nicht leicht erkennbar, weil die natürlichen Kristalle meistens von der idealen Gestalt abweichen. Aber die gleiche Substanz kann wohl die verschiedenartigste äusserliche Form (Habitus) annehmen – die Winkel zwischen den entsprechenden Kristallflächen bleiben sich immer gleich. So bilden z.B. beim Quarz zwei Prismenflächen stets einen Winkel von 120 Grad. Dies ist das Gesetz der Winkelkonstanz, das im Jahre 1669 von Nicolaus Steno gefunden wurde.

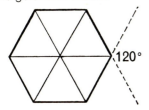

Aus der Entdeckung dieses Grundgesetzes entwickelte sich die Kristallographie mit der Festlegung der 7 Kristallsysteme und den 32 Kristallklassen. Der französische Mineraloge René Haüy war überzeugt, dass der Grund für die regelmässige Form der Kristalle in einem für jede Kristallart typischen Bauplan liege. Er zeigte, dass man aus einem Calcitkristall immer wieder gleiche Stückchen (Rhomboeder) abspalten und diese Spaltung bis in den Mikrobereich fortsetzen kann. Nach seiner Meinung sollten die Kristalle aus winzig kleinen, regelmässig und lückenlos aneinandergesetzten Bauelementen bestehen. Haüy erläuterte mit Hilfe seiner Theorie, wie man aus kleinen Würfelchen auch andere Kristallformen aufbauen kann:

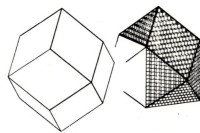

Bild links: Bergkristall (Quarz)/Voralptal UR

Erst im Jahre 1912 konnte der Physiker Max von Laue beweisen, dass die Bauteilchen der Kristalle tatsächlich gitterartig angeordnet sind:
Er untersuchte Kristalle mit Röntgenstrahlen und konnte aus bestimmten Licht- und Schattenerscheinungen, die hinter den Kristallen auf dem Film beobachtbar waren, seine fundamentalen Erkenntnisse ableiten (siehe Kristallstrukturmodelle).
Was wir in der Geometrie abstrakt als regelmässige vielflächige Körper kennen, treffen wir in der Natur bei den Kristallen, die nach den gleichen Gesetzmässigkeiten, wie zum Beispiel die platonischen Körper, gebildet werden. So können Kristalle unter anderen Formen von platonischen Körpern annehmen, oder sie sind entstanden aus Kombinationen von einfachen Formen:

Einfache Formen:

Würfel:
  Steinsalz
  Pyrit
  Bleiglanz

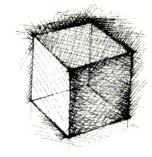

Oktaeder:
  Fluorit
  Diamant
  Spinell

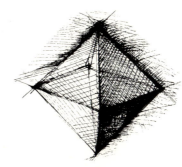

Rhombendodekaeder:
  Granat
  Diamant

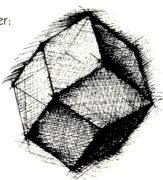

Es wäre aber falsch, sich den Kristall als völlig starres Gebilde vorzustellen. Die Anpassungsmöglichkeiten an die äusseren Kristallisationsbedingungen sind ausserordentlich gross, und daraus entsteht diese Vielfalt an Formen. In eigenwilligen Gestalten, von denen sich nicht zwei völlig gleich sind, treten diese Körper auf. Experimente und Beobachtungen über Neubildungen von Mineralien in der Natur beweisen, dass der Kristall als erste makroskopisch erkennbare, eigengestaltige Einheit der anorganischen Welt durch eine Absonderung oder Differenzierung aus scheinbar homogenen, formlosen Massen (Lösungen, Schmelzen oder Dämpfen) entsteht. So geschieht hier ein Individualisierungsprozess, gebunden an einen Bereich bestimmter Temperaturen und Drucke, in dem die Alleinherrschaft des flüssigen oder gasförmigen Zustandes der Materie gebrochen wird.

Christine Marte

Kombinationen:

Zinkblende:
  Tp positives Tetraeder
  Tn negatives Tetraeder
  W Würfel

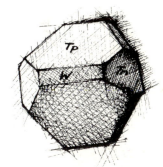

Bleiglanz:
  O Oktaeder
  W Würfel
  R Rhombendodekaeder

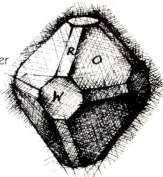

Pyrit:
  P Pyritoeder
    («Pentagondodekaeder»)
  W Würfel

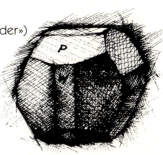

Modelle von Idealkristallen mit ihren Entsprechungen aus der Natur:

1/3 **Der Topas** ist ein fluorhaltiges Aluminiumsilicat und bildet orthorhombische, meist gut ausgeprägte Kristalle in grosser Farbskala. Als Modell für orthorhombische Körper kann die Form einer Streichholzschachtel dienen. In Kristalle dieses Systems kann man ein Achsenkreuz legen, dessen 3 Achsen alle verschiedenwertig sind, jedoch rechtwinklig zueinander stehen.

2/4 **Der Calcit** gehört zum trigonalen System und kristallisiert in Rhomboedern (z.B. die Riesenkristalle an der PHÄNOMENA vom Gonzen-Bergwerk) oder als Skalenoeder bzw. deren Kombinationen wie auf Bild 4. An klaren Rhomboeder-Spaltstücken von Calcit lässt sich sehr gut die Doppelbrechung beobachten.

5/6 Auch **der Turmalin** kristallisiert im trigonalen System, ist aber ein kompliziertes Alkali-Aluminium-Bor-Silicat. Er erscheint meist mit längsgestreiften prismatischen Kristallen, deren Endflächen oben und unten verschieden sind. Es ist unmöglich, die Vielschichtigkeit des Turmalins in einigen Zeilen zu umschreiben, doch mögen die an der Ausstellung gezeigten Stücke wie der Rubellit auf Bild 6, die Turmalin-Stufe auf Seite 94 und die Querschnitte durch eine Turmalin-Säule davon einen Eindruck vermitteln.

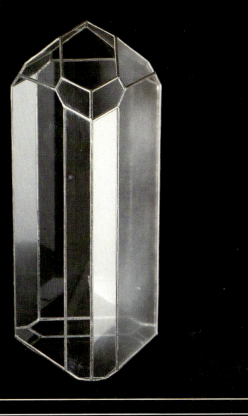

Die Bilder 1–3 zeigen natürliche Kristalle, in denen das geometrische Gestaltungsprinzip besonders deutlich zum Ausdruck kommt: der Würfel beim Fluorit (Bild Nr. 1), das Pentagon-Dodekaeder beim Pyrit (Bild Nr. 2). Bild Nr. 3 zeigt die drei- bzw. neunseitigen Turmalinsäulen und deren Schnitte in Bild Nr. 7. Diese 12 Querschnitte aus der gleichen Turmalinsäule veranschaulichen sehr schön die Übergänge zur exakten Dreiecksform. Interessant ist dabei der Farbwechsel innerhalb ein und desselben Körpers. Bei den Bildern Nr. 4, 5 und 6 handelt es sich um Kristalle, wie sie im Rahmen der PHÄNOMENA gezüchtet worden sind. Vor allem bei den «Alaun-Kristallen» (Nr. 4 und 5) sieht man sehr schön die Oktaeder-Gestalt.

1   Fluorit auf Zinkblende (Tennessee USA)
2   Pyrit (Insel Elba)
3   Turmalin (Madagaskar)
4   Kalium-Aluminiumsulfat – Züchtung
5   Kalium-Aluminiumsulfat (Alaun) – Züchtung
6   Kupfersulfat – Züchtung
7   Turmalinquerschnitte (Madagaskar)

1

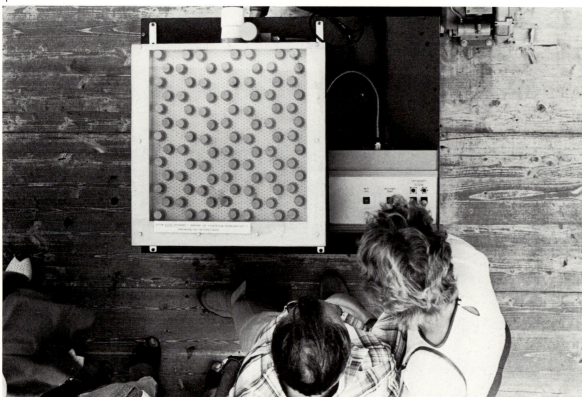

2

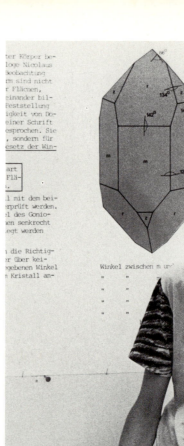

3

4

5

1/2 Kristallisation im Modellversuch (67)

Mit diesem Modell wird gezeigt, dass die Atome in Kristallen periodisch angeordnet sind mit einem stets wiederholten Muster, das sich ändern kann, wenn z. B. der Druck erhöht wird. Diese Umwandlung findet auch in der Natur statt: chemisch gleiche Stoffe können je nach Temperatur und Druck verschieden kristallisieren (Kohlenstoff zum Beispiel zu Graphit oder Diamant).
Jedes Röhrchen stellt ein Atom dar. Darin sind auf besondere Weise Magnete eingebaut, die darauf tendieren, dass zwischen den Röhrchen bestimmte Abstände eingehalten werden. Die Röhrchen schwimmen auf einem Luftkissen, damit die Reibung nicht stört.

3 Gesetz der Winkelkonstanz (243)

Nicht die Flächengrössen sind massgebend für die Kristallart, sondern ihre Lage bzw. die Winkel, welche die Kristallflächen miteinander verbinden: Alle Kristalle der gleichen Kristallart schliessen zwischen analogen Flächen gleiche Winkel ein. So bilden die Prismenflächen eines Quarzkristalls stets einen Winkel von 120°. Das Gesetz der Winkelkonstanz kann mit dem Goniometer nachgeprüft werden. Dabei ist zu beachten, dass die Schenkel des Goniometers entlang den entsprechenden Flächen senkrecht zur Kante zwischen den Flächen angelegt werden.

4 Kristallisation von Jod (70)

Jod überspringt bei seiner Abkühlung einen Aggregatzustand, indem es sich als Gas unmittelbar verfestigt und Skelett-Kristalle bildet.

5 Kristallzüchtung (64)

Die Abbildung zeigt den Kristallzüchtungs-Bereich an der PHÄNOMENA. Hier entstehen Kristalle, deren Wachstum in kürzeren Zeiträumen mitverfolgt werden kann. In die entsprechenden Lösungen wird ein Kristallkeimling gegeben, der aufgehängt an einem Faden sich nach allen Richtungen ausdehnen kann. Das Wachstum vollzieht sich in der stark gesättigten Flüssigkeit und wird beschleunigt bei zunehmender Verdunstung. Enthält eine Lösung viele Keimkristalle, so hat sich diese auf mehrere Kristallisationszentren zu verteilen, und es wachsen entsprechend kleinere Kristalle. Die an der PHÄNOMENA verwendeten Lösungen sind Kalium-Aluminiumsulfat (Alaun) und Kupfersulfat (Vitriol).

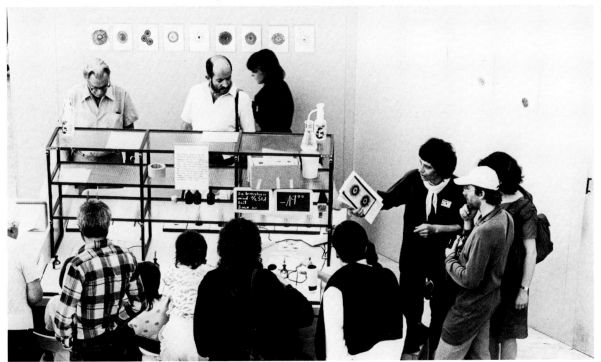

1–3 **Fliessbilder (72)**

(nach Runge: Friedlieb Ferdinand Runge, Chemiker und Entdecker des Anilins)

Mit Runges «Malmeisterstücken der Chemie» entstand eine neuartige Bilderscheinung:
Verschiedene Salzlösungen werden in abgestimmter Folge in die Mitte eines weichen, saugfähigen Papiers getropft. Die Kapillarkräfte bewirken, dass sich die Flüssigkeit in alle Richtungen ausbreitet und sich eine bildhafte Eigendynamik entwickelt.
Aus den chemischen Reaktionen der verschiedenen anorganischen Substanzen ergeben sich überraschende Farbeffekte.

Kristalle – Kristallobotanik (63, 98 + 100)

Bei Kristallen finden sich sowohl im Makro- als auch im Mikrobereich je nach Wachstumsbedingungen pflanzenähnliche Formen. Sehr schöne Beispiele dafür sind die Eisenrose aus dem Binntal (Bild Nr. 1) sowie die Bilder Nr. 2–7 aus der Serie «Kristallobotanik», welche im Rasterelektronenmikroskop beobachtet werden können (Vergrösserungen: 300–5000fach).

1   Eisenrose aus dem Binntal (Foto: F. E. Jakob)

2/3/6   Indiumkristalle (Foto: R. Wessiken)

4/5   Calziumsulfat (Foto: B. Wessiken/P. Fontana)

7   Nikotinsäureamit (Foto: B. Wessiken/P. Fontana)

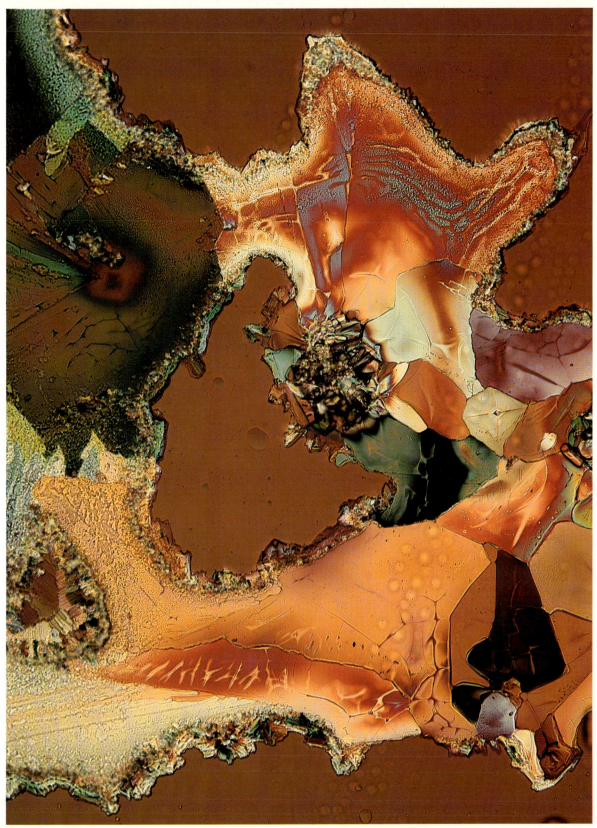

Kristalle im polarisierten Licht (99)

Die nebenstehenden Farbvergrösserungen vermitteln einen Einblick in die Mikrowelt chemischer Kristallisationsprozesse. In einem verdunkelten Vorführraum werden an der PHÄNOMENA wachsende Kristalle im Polarisationslicht vorgeführt. Hier finden auch Demonstrationen der Kymatik (Klangbilder nach Hans Jenny wie auch die Tropfbildmethode zur Qualitätsbestimmung von Wasser nach Theodor Schwenk) statt.

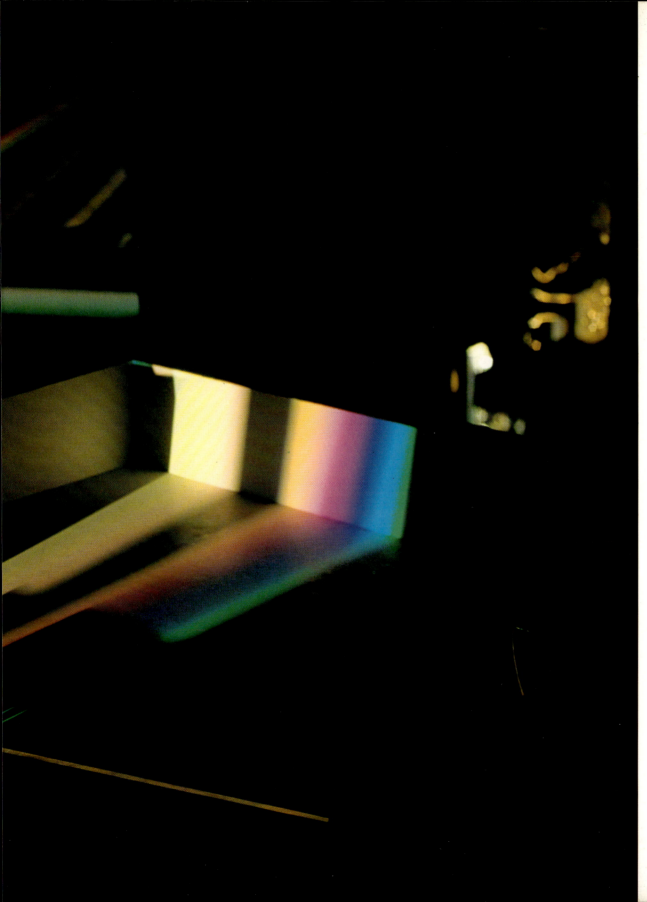

Optik

Im Ausstellungsbereich Optik werden dem Besucher Phänomene gezeigt und verständlich gemacht, die der Mensch mit dem Gesichtssinn in der Welt erlebt. Die Frage, wie das Auge das Sehen ermöglicht, beschäftigt die Menschen schon seit der Antike. Während die Griechen eine sogenannte Ausstrahlungstheorie des Sehens schufen und glaubten, dass das Auge Strahlen wie Fühler nach den Gegenständen ausstrecke, hat die neuzeitliche Forschung die Einstrahlungstheorie der Araber übernommen und weiterentwickelt. Darnach beleuchtet das selbst unsichtbare Licht einer natürlichen oder künstlichen Lichtquelle materielle Objekte und macht sie dadurch für uns sichtbar, dass diese das Licht in differenzierter Weise in unser Auge zurückwerfen. Die ältere naturphilosophische Betrachtungsweise des Sehvorgangs nahm mit Newtons Optik (1704) den Charakter physikalischer Forschung an.

Für unsere Umweltorientierung und unser Verhalten ist der Gesichtssinn wohl das wichtigste Sinnesorgan. Während die räumliche Lokalisation und die Reichweite beim Gehör eng begrenzt sind, ermöglicht das Sehen eine detaillierte Raumorientierung und Objekterkenntnis und liefert uns ein klares und weitreichendes Bild der Umwelt. Optische Wahrnehmungen geben uns Auskunft über Formen, Grössen, Bewegungen und Farben von Gegenständen.

Diese Sonderstellung des Sehens unter den Sinnen zeigt sich im modernen Leben auch in der hervorragenden Bedeutung der geschriebenen Sprache und bildlicher Darstellungen für die Vermittlung von Bildung und Informationen und in der starken Anregung, die Gesichtswahrnehmungen dem ästhetischen Empfinden und dem Denken bieten. Die Sprachweisheit weiss um die zentrale Bedeutung des Sehens für das Welterkennen. Wir sagen etwa: Mir ist ein Licht (nicht ein Ton) aufgegangen oder: Ich habe eine Weltanschauung (nicht eine Weltanlauschung). Während die Menschen in früheren Zeiten einander überlieferte Märchen, Sagen und Geschichten erzählten und die Welt mehr durch das Gehör erlebten, ist der moderne Mensch ausgesprochen bildhungrig geworden und konsumiert durch die Massenmedien, die Reklame usw. eine Flut von Bildern, die er oft kaum mehr verarbeiten kann.

Aus der reichen Fülle optischer Erscheinungen sind an der Ausstellung solche bevorzugt, die mit relativ einfachen Mitteln gezeigt werden können und unsere täglichen Seherfahrungen erhellen sollen. Demgegenüber treten komplexere, optische Effekte, die einen grösseren apparativen Aufwand erfordern, mehr in den Hintergrund. Die Ausstellung möchte durch eine Auswahl von Versuchen die Entstehung von Bildern und Farben erläutern und auf deren Rolle in unserem Leben hinweisen.

Bild links: Experimente im Sonnenlicht (150)

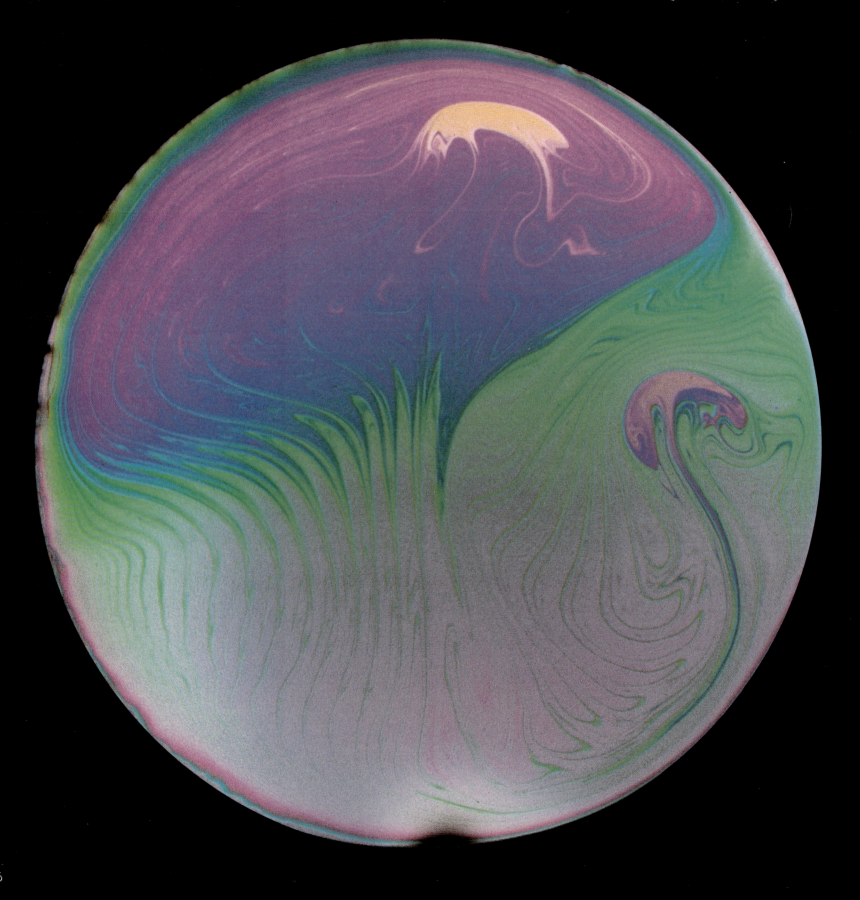

Bilder, die durch Plan-, Winkel-, Vervielfachungs- und Unendlichkeitsspiegel oder durch konkav und konvex gekrümmte Spiegel entstehen, nehmen einen breiten Raum ein. Damit sollte auf den wichtigen Unterschied zwischen wirklichen Objekten und Spiegelbildern aufmerksam gemacht werden. Während die Wirklichkeit einen zwingenden Charakter hat, haben Bilder eine spielerische und freilassende Natur und sind für die Erziehung des Menschen zur Freiheit von entscheidender Bedeutung. Bilder sind mit der Phantasie, aber auch mit den abstrakten Begriffen unseres Denkens durchaus verwandt. Und dass sich nur der Mensch in seinem Spiegelbilde selbst erkennt, während Tiere nach dem vermeintlichen Partner suchen oder schnuppern, hängt mit der angedeuteten Bedeutung des Spiegelbildes für das Freiheitserlebnis durchaus zusammen. Die an Plan- und Winkelspiegeln beobachtbare Umkehrung der Rechts-links-Asymmetrie der menschlichen Gestalt weist ebenfalls tief auf das Wesen unserer Leibesorganisation hin. Die an Experimentierkameras und in Lochkammern ohne und mit Linsen nachprüfbaren Abbildungsgesetze helfen uns zum besseren Verständnis des wunderbaren Baus der Augen, mit denen wir in unsere Umwelt hinausschauen.

Und um den **Strahlengang des Lichtes** in Spiegeln, Linsen und Prismen usw. zu verfolgen, sind einige Experimentiertische aufgestellt, an denen die Besucher nach Herzenslust einmal mit Lichtstrahlen spielen dürfen. Dabei kann die an Spiegeln erfolgende Reflexion und an Grenzflächen verschiedener durchsichtiger Materialien stattfindende Brechung des Lichtes erkundet werden, wie sie bei der Abbildung von Objekten mit Spiegeln und Linsen angewendet wird. Mit dem Gesichtssinn sehen wir aber nicht nur Formen, Grössen und Bewegungen von Körpern, sondern auch ihre **Farben**, die aus unserem Leben nicht wegzudenken sind und die rund 40% aller visuellen Eindrücke ausmachen. In der Kunst, der Mode, der Reklame, dem Verkehr usw. spielen Farben eine hervorragende Rolle, aber sie sind auch für die Schönheit der Naturerscheinungen entscheidend mitbestimmend. Deshalb nehmen Farbphänomene in der Ausstellung ebenfalls einen bedeutenden Platz ein. Das **Farbensehen** erweitert die Möglichkeiten der Umweltwahrnehmung in ungeahnter Weise. Wir erkennen eine unreife oder verdorbene Frucht meist schon an ihrer Farbe, der Arzt beurteilt Krankheit oder Gesundheit eines Patienten oft an dessen Hautfarbe, Verkehrszeichen identifizieren wir erst an ihrer Farbgebung, die Kaufentscheidung hängt bei Kleidern und anderen Artikeln massgeblich von ihrer Farbe ab, um nur einige wenige Beispiele zu nennen.

Im Sinne der **Goetheschen Farbenlehre** entstehen Farben durch verschiedene Formen der Wechselwirkung zwischen dem Licht und der Finsternis der Materie. Besonders eindrücklich sind die farbigen Ränder und Säume, die man beim Durchblick durch Prismen an Hell-dunkel-Grenzen sieht. Dabei wird die Polarität der warmen und kalten Farben eindrücklich erlebbar, nämlich die **Urpolarität von Gelb und Blau** und die ins Dunkle **gesteigerte Polarität von Rot und Violett**. Durch Mischung dieser polaren Farben entstehen die zwei weiteren Grundfarben **Grün und Purpur** des **Farbenkreises.** Die sowohl in der Kunst als auch in der Technik vielfach verwendeten additiven und subtraktiven **Farbmischgesetze** werden in der Ausstellung ebenfalls vorgeführt. Auch die an dünnen Membranen entstehenden Interferenzfarben werden durch Projektion von Seifenfilmen gezeigt. Es ist jedoch nicht die Absicht der Ausstellung, ein vollständiges Panorama aller Möglichkeiten der Farbenentstehung anzubieten, sondern vielmehr dem Besucher die Bedeutung der Farben als objektive Qualitäten und wesentliche Attribute von Naturgeschöpfen nahezubringen.

Einige Experimente sind auch unserer wichtigsten natürlichen Lichtquelle, der **Sonne,** gewidmet, die uns Licht, Wärme und Leben spendet. Das über einen Heliostaten und mehrere Spiegel ins Zelt geworfene Sonnenlicht wird auf eine Batterie von Prismen gelenkt und erzeugt ein faszinierendes Farbenspiel, das Sinn und Gemüt erfreut. Und mit einer Anlage zum Versprühen von Wasser kann der Besucher die Bedingungen erfahren, die zur Entstehung eines **Regenbogens** notwendig sind, dieses wohl schönsten atmosphärischen Farbphänomens. Schliesslich soll mit einer Pilotanlage zur chemischen Speicherung von **Sonnenenergie** und einem Parabolspiegel zur Erzeugung von heissem Wasser, die beide mit einer automatischen Nachlaufsteuerung der Sonne auf ihrer Bahn am Himmel folgen, die Nutzung von Sonnenwärme demonstriert werden.

Da es das Anliegen der Ausstellung ist, den Laien auf Erscheinungen aufmerksam zu machen, die ihn täglich umgeben, und ihm zu helfen, seine Umwelt besser zu verstehen und zu schätzen, sind viele aufwendigere optische Effekte bewusst zurückgestellt worden.

Prof. Dr. Maurice Martin

Interferenzfarben an einer Seifenhaut (156)

Weisses Licht wird auf die Seifenhaut geworfen. Davon wird ein kleiner Teil reflektiert und durch die Linse auf die Wand projiziert. Nach dem Eintauchen der Brille in die Seifenlösung zeigen sich im oberen Teil Farben, die langsam nach unten wandern. Dies hängt mit der Veränderung der Schichtdicke der Seifenhaut zusammen. Durch die Luftströmung können die verschiedenen Schichten miteinander vermischt werden, wodurch ein stets wechselndes Farbspiel entsteht. Gleiches kann man bei einem Ölfilm auf Wasser beobachten.

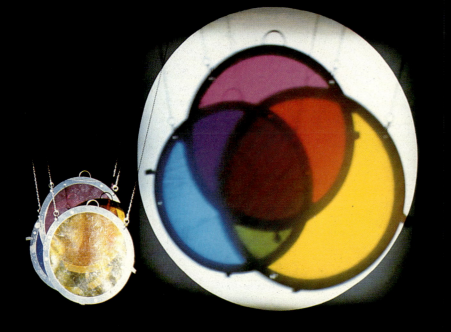

1

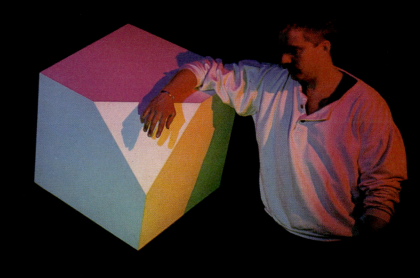

2

3

1 Subtraktive Farbmischung (170)

Auf die weisse Wand fällt das Licht eines Glühlampen-Projektors. Hält man ein gelbes, ein blaues oder ein purpurnes Filter davor, so erscheint die Wand in den entsprechenden Farben. Hält man zwei Filter davor, so ergeben
- Blau und Purpur: Violett
- Purpur und Gelb: Rot
- Gelb und Blau: Grün

So kann man wiederum aus drei Grundfarben alle Farben herstellen. Alle drei Filter hintereinander gestellt, ergeben Schwarz.

2 Additive Farbmischung (169)

Der weisse Würfel steht auf einer Ecke. Drei farbige Lichtquellen (violett, grün, orange) sind so angeordnet, dass je 2 der 3 sichtbaren Flächen von ihnen getroffen werden. Auf jede Fläche treffen also 2 Farben auf (siehe Abb.).
Aus Violett und Grün wird Purpur,
aus Grün und Orange wird Gelb,
aus Orange und Violett wird Blau.
Alle drei Farben übereinander ergeben Weiss.

3 Farbige Schatten (171)

Beleuchten wir einen Körper durch eine weisse und eine farbige Lichtquelle, so entsteht nicht nur ein Schatten in der Farbe der Lichtquelle, sondern noch ein zweiter in der jeweiligen Komplementärfarbe, ohne dass diese Gegenfarbe als Lichtquelle vorhanden ist. Durch die rote Lichtquelle wird ein roter und ein grüner, durch das blaue Licht ein blauer und ein oranger, durch das gelbe Licht ein gelber und ein violetter Schatten geworfen. Ohne das weisse Licht stellt sich das Phänomen nicht ein.

4 Prismenbrillen (136)

5 Wasserprisma (164)

6 Totalreflexion mit Laserstrahl (157)

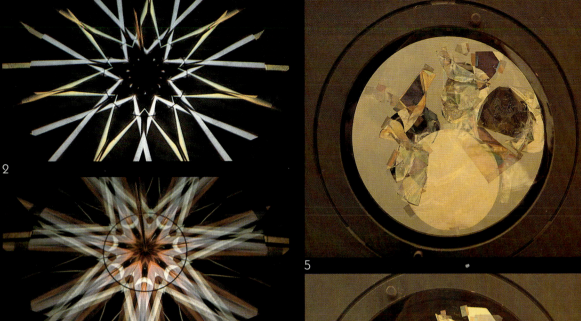
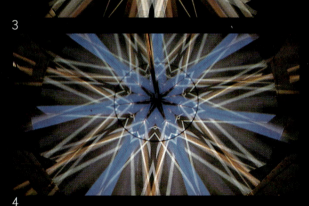

1–4 **Polarheliostat (127)**
Experimente im Sonnenlicht (150)

Sonnenlicht wird über einen Heliostat, der sich um zwei Achsen parallel zur Erdachse und von Osten nach Westen bewegt, und weitere Umlenkspiegel in den Dunkelraum gebracht. Dort durchstrahlt es Prismenstäbe und gelangt über Spiegelstreifen auf verschiedene Experimentiertische. Die durch Prismenstäbe farbig gewordenen Sonnenstrahlen lassen sich auf den Tischen umlenken, vervielfältigen und in ihren Farben verändern.

5/6 **Spannungsoptische Versuche (163)**

(Winzige Verformungen werden unter polarisiertem Licht sichtbar)

Die erste Abbildung zeigt schematisch den Gang des Lichtes durch die Schraube und den Schraubenschlüssel, bevor man auf diesen eine Kraft ausübt. Die von einer Glühlampe erzeugten Lichtstrahlen durchlaufen einen ersten Filter, der sich hinter dem Schraubenschlüssel befindet. Dieser Filter, **Polarisator** genannt, lässt nur die Lichtwellen mit vertikaler Schwingungsrichtung passieren. Die Polarisationsrichtung wird durch den Schraubenschlüssel nicht geändert. Ein zweiter Filter, **Analysator** genannt, ist an der äusseren Glasscheibe befestigt. Die horizontale Polarisierungsrichtung des Analysators verhindert den Durchgang des vertikal polarisierten Lichtes.

Die zweite Abbildung veranschaulicht den Gang des Lichtes, wenn eine Kraft auf den Schraubenschlüssel ausgeübt wird. Das ursprünglich vertikal polarisierte Licht hat nach dem Durchgang durch den Schraubenschlüssel eine horizontale Komponente, die den Analysator ungehindert passieren kann. Diese Komponente ist für die verschiedenen Farben, aus denen sich weisses Licht zusammensetzt, unterschiedlich gross, so dass zahlreiche farbige Zonen am Objekt beobachtet werden. Je grösser die Kraft, die man auf den Schraubenschlüssel ausübt, um so mehr Zonen treten auf. Dieser Zusammenhang wird zur optischen Messung der in einem Material auftretenden Spannungen benutzt.

7 **Rotierende Farbscheiben nach Weder (162)**

Durch exakt berechnete Farbgebung, wie sie auf der oberen stillstehenden Scheibenreihe ersichtlich ist, entstehen bei einer Rotation von 3000 Umdrehungen in der Minute logarithmische Grauleiter, Kompensationsfarbkreise, gleich abständige Farbkreise, weissgleiche und schwarzgleiche Reihen und Schattenreihen in gleichmässiger Abstufung.

1 Spiegel oder Fenster (168)

2 Personen sitzen sich im dunkeln Raum gegenüber, getrennt durch eine Glasscheibe. Die beiden Personen können jeweils auf ihrer Seite das Lichtquantum zweier Lampen regulieren. Überwiegt auf einer Seite die Helligkeit, so wird das Fenster für die gegenübersitzende Person zum Spiegel und umgekehrt.
Je nachdem, wie nun die hellen und dunkeln Zonen sich verteilen, können gewisse Partien der Glasscheibe für den Betrachter transparent bleiben oder verspiegelt werden, so dass «Mischgesichter» zum Vorschein kommen.

2 Licht sieht man nicht (167)

Was wir sehen, sind vom Licht beleuchtete Gegenstände. Das Licht selbst bleibt unserem Auge verborgen. In diesem Dunkelraum verbirgt sich ein Lichtbild. Indem wir diesem einen Gegenstand in seinen Weg stellen, in unserem Falle einen Holzstab, der in rascher Folge auf und ab bewegt wird, wird diese Projektion sichtbar. Das gleiche Phänomen zeigt uns der gestirnte Nachthimmel, wenn in der Dunkelheit Sternschnuppen erscheinen und hell aufleuchten.

3 Experimente mit Abbildungsmassstäben (158)

Was mit einer gewöhnlichen Kamera nicht gezeigt werden kann, lässt sich auf dieser optischen Bank nachvollziehen: die Veränderung des Abbildungsmassstabes. Die Brennweite unserer Linse beträgt 31 cm. Bei einem Abstand der Linse zwischen Bild- und Abbildungsebene von je 62 cm (doppelte Brennweite) ist der Abbildungsmassstab 1 : 1.

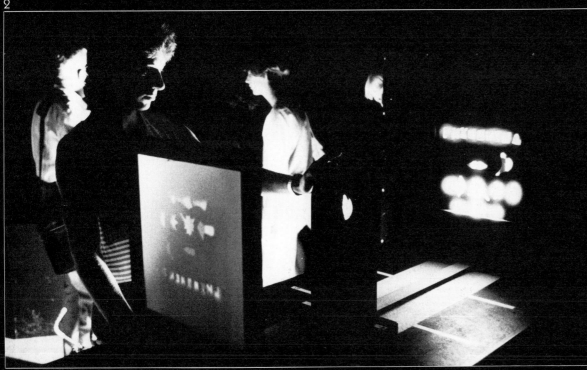

1 Raumbildschirm (173)

Eine gewölbte Projektionswand ermöglicht Raumvorstellungen.
Durch Projektion von Lichtebenen oder Lichtprismen auf den Fadenzylinder entstehen verschiedenste geometrische Figuren. Diese verändern ihr Aussehen je nachdem, wie der Betrachter seinen Standort verändert (seitlich oder in der Höhe).
Die untere Scheibe ist im Uhrzeigersinn drehbar. Dabei entsteht zunächst ein Hyperboloid. Der Verlauf der Fäden ist am eingebauten **roten Faden** zu verfolgen. Nach einer Drehung um 180° wird ein Doppelkegel sichtbar, an dem mittels Projektionen die klassischen Kegelschnitte **Kreis, Ellipse, Parabel** und **Hyperbel** gezeigt werden können.

2/3 Experimente mit der Tiefenschärfe (160)

Die brennenden Glühlampen (Bild links) sind auf der Bildebene rechts sichtbar.
Durch das Einsetzen von Lochblenden mit verschiedenen Durchmessern gelangt mehr oder weniger Licht auf die Bildebene. Eine grosse Öffnung (Blende) ergibt eine kleine Tiefenschärfe, eine kleine Öffnung eine grosse Tiefenschärfe.

1 **Riesenkaleidoskop (137)**
Im Riesenkaleidoskop lassen sich weit mehr Effekte entdecken als nur die bekannte Sechsfach-Spiegelung.

2 **Kugelspiegel/Hohlspiegel (134)**
Im Hohlspiegel kommt uns das Spiegelbild entgegen, im Kugelspiegel zieht es sich zurück.

3 **Eigenwilliger Spiegel (138)**
Durch diesen Spiegel wird der Betrachter irritiert, weil das, was er mit seinen Augen sieht, mit der Realität nicht übereinstimmt.

1

2

1 Symmetriespiegel (132)
Dieser Spiegel zeigt Ihnen nicht nur Ihr Spiegelbild, bestehend wahlweise aus der Verdoppelung Ihrer linken oder rechten Körperhälfte, Sie können beim Betrachter innerhalb eines bestimmten Blickwinkels die Illusion erwecken, frei in der Luft zu schweben.

2 Unendliches Spiegelbild (133)
Zwei parallel gegenüberliegende Planspiegel vervielfältigen Ihr Bild ins Unendliche.

3 Winkelspiegel, horizontal (125)
Hier ist das Spiegelbild seitenrichtig, steht aber auf dem Kopf.

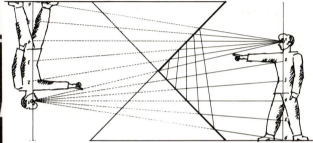

1

2

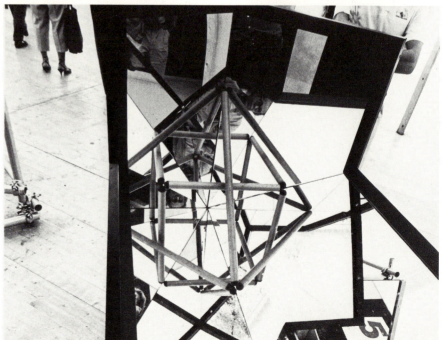

3

1 **Tripelspiegel (130)**

3 Dreieckspiegel sind in einem Winkel von 72° zueinander angeordnet. Legen wir ein gleichseitiges Dreieck in dieses Spiegelgehäuse, entsteht ein Zwanzigflächner (Ikosaeder).

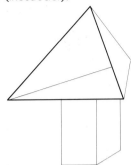

2 **Würfelspiegel (131)**

3 quadratische Spiegelflächen stehen rechtwinklig zueinander. Ein in diese Anordnung hineingelegter Gegenstand wird 7mal gespiegelt.

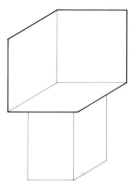

3 **Zwölffach-Spiegel (128)**

4 Spiegelflächen ergeben ein offenes Kaleidoskop. Der waagrecht aufgelegte Stab ruft in der Spiegelung das Gitterwerk eines Würfels, der schräg aufgelegte Stab das Gitterwerk eines Achtflächners (Oktaeder) hervor.

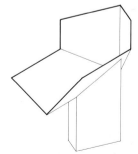

4 **Stehendes Kaleidoskop (129)**

Hier kann der Besucher den Innenraum des Kaleidoskopes betreten und eine grosse Menschenmenge beobachten, die sich aus der Vervielfältigung seiner eigenen Gestalt zusammensetzt.

1

2

1 Phosphoreszierender Raum (141)

Durch Blitzlicht wird die phosphoreszierende Wand exponiert bis auf jene Partien, welche durch den Besucher selbst verdeckt werden. So entstehen kurzlebige Schattenbilder.

2 Räumliche Täuschung mit zwei Masken (146)

Die Illusion dieser beiden Masken besteht nicht nur darin, dass die Hohlformen erhaben werden, auch der Blick der beiden Figuren richtet sich stetig auf den Betrachter. Die Köpfe «drehen» sich dem vorübergehenden Besucher nach. Springt er in die Höhe, blicken sie zu ihm empor, geht er in die Knie, «senken» sie sich.

3 Grosse Fresnel-Linse (142)

Die meisten Scheinwerfer, auch Autoscheinwerfer, haben Fresnel-Linsen: ein System von Prismen-Glasringen bündelt das Licht. Entwickelt wurde diese Art von Linsen durch den Ingenieur und Physiker Jean-Augustin Fresnel (1788–1827). Massgebend für den Vergrösserungseffekt einer Linse ist der Winkel an der Oberfläche (Brechungswinkel). Der Glaskörper zwischen den beiden Oberflächen könnte also weggelassen werden. Die ganze Oberfläche der Linse wird in lauter Ringe aufgeteilt und winkelgetreu auf eine Ebene gebracht. Die Winkel der Prismenringe werden von aussen nach innen flacher.
Dieses Verfahren erlaubt, mit weniger Material Linsen herzustellen. Die heutigen Kunststoffe und Verfahrenstechniken ermöglichen die Produktion von grossflächigen, sehr dünnen Fresnel-Linsen, die einfachen optischen Ansprüchen genügen (zum Beispiel grossflächige Lupen). Neben dieser Entdeckung war Fresnel einer der bedeutendsten Physiker des 18. Jahrhunderts, hat er doch die Wellennatur des Lichtes nachgewiesen. Er begründete die Wissenschaft der Kristalloptik sowie jene der Polarisation des Lichtes.

4 Optische Hebung (174)

Das Licht, das von einem Gegenstand im Wasser durch unser Auge wahrgenommen wird, wird an der Wasseroberfläche, wo es in den Luftraum eintritt, gebrochen. So sehen wir diesen Gegenstand und auch den Boden des Beckens nicht dort, wo sich diese in Wirklichkeit befinden, sondern angehoben.

Objekte im Park

Lehmbogen (224)

Diese Schalenkonstruktion von über 5 m Höhe besteht, mit Ausnahme der Fundamentsockel, ausschliesslich aus Lehm.

Lehm = Gemisch aus Ton, Silt und Sand

Es handelt sich hier um die ganz normale Erde, wie sie unter der Humusschicht in unseren Mittellandböden üblicherweise zum Vorschein kommt. Für Bauzwecke werden die groben (kiesigen) Bestandteile entfernt. Mitunter muss der Tonanteil erhöht, öfters aber, wie auch hier geschehen, durch Sandzugabe «abgemagert» werden, um übermässiges Schwinden zu vermeiden. Empfehlenswert ist die Beigabe von kurzgeschnittenem Stroh, sogenanntem Häcksel.
Die Schale ist 12–15 cm, an den Füssen bis zu 25 cm dick. Sie ist auf einer zwischen drei Holzbögen gespannten und mit Jute-Gewebe belegten «Schnurschalung» erstellt worden (siehe Photos). Den Lehm hat man in weichplastischem Zustand nach einer aus Yemen bekannten Technik in kleinen Handportionen «aufgeschmettert», was einen guten Verdichtungseffekt ergibt. Die nasse und kühle Witterung dieses Frühjahrs hat den Austrocknungs- und Erhärtungsprozess verzögert. In unserem Klima sollten Lehmbauten im Sommer oder Herbst erstellt werden, was hier wegen der PHÄNOMENA-Termine nicht möglich war. Im Sinne eines Experimentes ist die Schalenoberfläche zur Erlangung der Wetterfestigkeit mit einem Produkt auf Silikonbasis imprägniert worden.
Die Lehmbauweise, noch im vergangenen Jahrhundert auch in Mitteleuropa stark verbreitet, erlebt heute weltweit eine Renaissance. Dies verdankt sie ihrer Umweltfreundlichkeit und ihren hervorragenden bauphysikalischen Eigenschaften (guter Wärmedämmwert bei grosser Speicherfähigkeit). Da keine Energie zum Brennen aufgewendet werden muss, trägt die Lehmbauweise in Entwicklungsländern, wo noch Holz zum Brennen der Backsteine verwendet wird, direkt zum Schutz der Wälder bei. Die Hauptschwierigkeiten der Lehmbauweise sollen auch nicht verschwiegen werden: sie sind begründet in der stark erodierenden Wirkung des Wassers, dem hohen Schwindmass (4–6%!) und schliesslich der grossen Verschiedenartigkeit des Baustoffs Lehm, die eine einheitliche und normierbare Lehmbautechnologie ausschliesst.
Die Lehmschale der PHÄNOMENA ist Teil eines Forschungsprojektes über Lehmbau am Institut für Hochbautechnik der ETHZ.

1   Der ausgeschalte Lehmbogen

2–4 Der Lehmbogen im Bau

5   Oberflächenbehandlung gegen Witterungsschäden

1 Impulsschaukel (gekoppeltes Pendel) (230)
Wenn beide Schaukeln besetzt sind, genügt es, eine davon in Schwung zu bringen. Der Bewegungsimpuls wechselt auf die ruhende Seite über, wobei die zuerst bewegte Schaukel zum Stillstand kommt, bis sie erneut die Schwungkraft der gegenüberliegenden aufnimmt und so fort.

2 Spiegelskulptur (217)
Sechs drehbare, grosse Doppelspiegel bewirken durch Verstellen einzelner Elemente eine scheinbare Veränderung, ein Öffnen und Auffächern oder eine Reduzierung der Umgebung. Auch die Phänomene der unendlichen Spiegelung oder des Winkelspiegels lassen sich an dieser Skulptur beobachten.

3 Klanggang (223)
Sandsteine können durch Anschlagen mit Feldsteinen zum Erklingen gebracht werden.

4 Granit-Pyramide (216)
Der Innenraum dieser aus massiven Granitblöcken aufgetürmten Pyramide ist begehbar.

1 Echorohr (228)
Im Echorohr mit seiner Länge von 165 Metern dauert es eine Sekunde, bis der Schall zu seiner Quelle zurückkehrt.

Zwei grosse Schallspiegel (229)
Schall lässt sich wie Licht oder Wärme fokussieren. Was im Brennpunkt des Spiegels in normaler Lautstärke hineingesprochen wird, kann im gegenüberliegenden – 130 Meter entfernten – Spiegel und auch an jedem beliebigen Punkt der Schallachse wahrgenommen werden.

2 Uferklavier (234)
Merkwürdige, dumpfe Geräusche sind bei Eintauchen der Klangkörper in weitem Umkreis zu hören.

3 Bienenwagen (247)
Er orientiert über die geheimnisvolle Welt der Honigbiene, die erstaunliche Geometrie im Wabenbau, ihre Navigations- und Tastleistungen und den beeindruckenden Fleiss. Im Bienenwagen sind auch einige Bienenvölker untergebracht.

4 Schadstoffe in der Luft (262)
Wenn die PHÄNOMENA dazu beitragen kann, die Erscheinungen und Gesetzmässigkeiten näher zu beleuchten, nach denen unsere Umwelt gestaltet und geordnet ist, so wird sie auch dazu beitragen können, dass die Rücksichtnahme dieser Umwelt gegenüber nicht ein leeres Postulat bleibt, sondern zu einer selbstverständlichen Grundhaltung aus der Einsicht in die entsprechenden Zusammenhänge wird. Das Gesundheitsinspektorat der Stadt Zürich zeigt beim Eingang der PHÄNOMENA laufend simultan übertragene Messwerte von Schadstoffkonzentrationen in der Stadt. Es wird Auskunft gegeben über die einzelnen Grenzwerte und die Auswirkungen auf Mensch, Tier und Vegetation. In diesem Zusammenhang zeigt das Institut für Festkörperphysik ein neuartiges Messverfahren zur unmittelbaren Erfassung schädlicher Schwebeteilchen in der Luft.

5 Windschnecken (225)
Drei eigenwillige Schnecken am See teilen uns durch ihren Stand und ihre Drehgeschwindigkeit Windstärke und -richtung mit.

1 Kugelbrunnen (231)

Die eine Tonne schwere Granitkugel ist so präzis in ihre Steinschale eingeschliffen, dass sie sich darin, unter leichtem Wasserdruck stehend, nicht nur selbständig dreht, sondern vom Besucher nach allen Richtungen leicht bewegt werden kann. Sie lagert also auf einem dünnen Wasserfilm. Gespiesen wird der Brunnen von der Thermalquelle beim Zürichhorn.

2 Cosmobil (252)

Diese Skulptur besteht aus gebogenen Eisenstäben, die auf kleinen Kegelspitzen übereinander so leicht und im Gleichgewicht gelagert sind, dass die einzelnen Elemente sich im Wind oder bei leichter Berührung selbständig im Raume bewegen.

3 Stammlabyrinth (226)

Vor allem auf die kleinen Ausstellungsbesucher übt dieser Irrgarten aus geschälten Baumstämmen eine Faszination aus.

4 Hängebrücke (227)

Sie besteht aus acht durch Scharniere verbundene, bewegliche Brückenelemente. Wird sie im Gleichschritt überquert oder durch Wippen angeregt, lässt sie sich in Eigenresonanz versetzen. Die Brücke führt in einer Höhe von 4 Metern über eine Rhododendronbepflanzung und stellt auch eine Verbindung dar zwischen den Hauptzelten und dem Spielbereich rund um den Bambusturm.

2

1 Windspiele rund um den Bambusturm (268)

Die Vielzahl der Windräder und ihre Verteilung am Bambus-Spielturm zeigen dem aufmerksamen Beobachter die jeweiligen Windströmungen und den Verlauf der Böen an, wie dies eine komplizierte Windmessanlage nicht besser erfassen könnte.

2 Savonius-Rotoren (251)

Die senkrecht stehenden, schlanken Windturbinen schmücken die beiden Seitentürme des Bambusbaues und auch den kleinen Schiffsteg vor den Hauptzelten. Savonius-Rotoren können von allen Seiten angeblasen werden. Sie müssen niemals dem Wind entgegengedreht werden. Ihre beiden astförmig ineinandergreifenden, zylindrischen Schalen entlang der Drehachse lassen einen breiten Spalt offen, durch den einseitig anströmende Luft von der einen Hälfte zur anderen zirkulieren kann. Savonius-Rotoren können auch als Ventilatoren Verwendung finden.

Ausstellung 2. Teil

Illusionen
Harmonograph
Fahrrad auf dem Hochseil

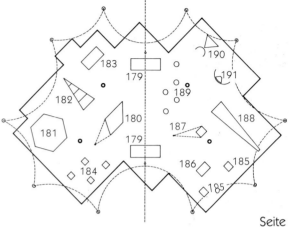

	Seite
179 Stereoskopie durch Spiegelung	
180 Zerr-Raum	143
181 Wundertrommel (Praxihoskop)	142
182 Perspektivische Täuschung	143
183 Harmonograph	140
184 Zerrspiegel (6 Objekte)	
185 Rotierende Spirale	140
186 Rotierende Sichelformen	140
187 Perspektivische Illusion mit Lehnstuhl	
188 Perspektivische Illusion mit Würfeln	142
189 Anamorphosen (5 Objekte)	142
190 Spiegelwände konkav	
191 Spiegelwände konvex	
239 Balancierseil	
240 Optische Täuschungen	145
248 Stabilisiertes Fahrrad auf dem Hochseil	141
260 Rotierende, abgerundete Quadrate	140
261 Rotierende Farbscheibe	140
263 Wunderscheibe (Traumatrop)	142
264 Lebensrad (Stroposkop)	
266 Stereoskopisches Panoptikum	

Links: Harmonograph (183), rechts: Perspektivische Illusion mit Würfeln (183) und das Fahrrad auf dem Hochseil (248)

139

1

2 2a

3 3a

1 Harmonograph (183)

Der grosse Pendeltisch, auf dem ein Zeichenblatt mitschwingt, wird nach 2 Seiten angeregt. Über dem Tisch ist ein Schreibstift in steter Ruhelage montiert. Nicht der Stift also, sondern das Papier mit dem Tisch bewegen sich in immer enger werdenden Figuren. Wird der Tisch mehrmals in Bewegung versetzt und dabei die Farbe des Stiftes gewechselt, so ergeben sich geometrische Zeichnungen von grosser Schönheit, die auf rein konstruktivem Wege wohl kaum entstehen könnten.

2 Rotierende Spirale (185)

Bei der Rotation dieser Kreisscheibe haben wir den Eindruck, die Spirale ziehe sich zusammen oder dehne sich aus, je nach Drehrichtung. Betrachten wir diese drehende Scheibe etwa 30 Sekunden lang und richten danach den Blick z.B. auf einen Baum, so haben wir den Eindruck, dass dieser sich stark aufbläht bzw. ständig einschrumpft. Unser Auge wehrt sich offenbar gegen die Strudelbewegung der Spirale und entwickelt eine Gegentendenz, welche diese optische Täuschung verursacht.

2a Rotierende Sichelformen (186)

Auf der Kreisscheibe dargestellt sind schwarze, sichelförmige Bogen auf weissem Grund.
Die grossen Sichelformen umschliessen in der Gegenrichtung die kleinen.
Bei langsamer Rotation fügen sich die grossen Bogen zu einem Kegelmantel, die kleinen zu einem Trichter.

3 Rotierende, abgerundete Quadrate (260)

Auf der Kreisscheibe sind schwarzweisse quadratische Bänder mit gerundeten Ecken vorhanden.
Bei langsamer Rotation scheinen die schwarzen Bänder sich wellenförmig um den Mittelpunkt zu winden.

3a Rotierende Farbscheibe (261)

Auf der Kreisscheibe sind die Grundfarben Rot, Blau, Gelb in unterschiedlicher Quantität vorhanden.
Bei schneller Rotation der Scheibe entstehen Farbmischungen.
1 Teil Gelb und 2 Teile Rot ergeben Orange.
3 Teile Rot und 4 Teile Blau ergeben Violett.

4 Stabilisiertes Fahrrad auf dem Hochseil (248)

Auch Ungeübte können mit diesem Fahrrad ein Hochseil überqueren, es ist unten mit einem Gegengewicht versehen, das eine gefährliche Schräglage ausschliesst.

1

2

3

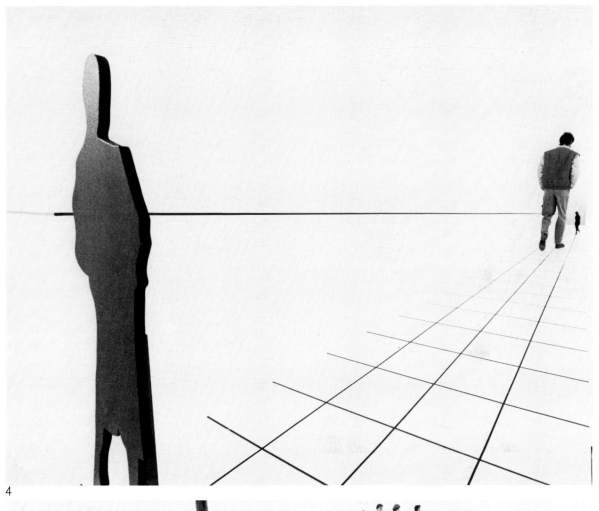

1 **Anamorphosen (189)**

Anamorphosen-Bilder sind gesetzmässig verzerrt gezeichnet. Es gibt perspektivische Anamorphosen in der Malerei und in der Plastik. Die ersten perspektivischen Anamorphosen-Zeichnungen stammen von Leonardo da Vinci.

Die Zylinder- oder Kegelspiegel-Anamorphosen sind recht viel komplizierter. Bei der verzerrten Darstellung, hergestellt mit Hilfe eines Liniennetzes, ist der Gegenstand kaum zu erkennen. Im Zylinder- oder Kegelspiegel werden die Bilder entzerrt, und wir sehen, um was es sich handelt. So wurde diese Darstellungsart oft gewählt für verbotene oder anstössige Bilder. Wahrscheinlich ist China Ursprungsland der Zylinder- und Kegelspiegel-Anamorphosen.

2 **Perspektivische Illusion mit Würfeln (188)**

Von einem bestimmten Augenpunkt aus betrachtet, liegt die Würfeldarstellung auf einer Ebene. Die Darstellung ist jedoch in einzelne Bänder aufgelöst und, entsprechend der grösseren Distanz zu unserem Auge, perspektivisch grösser dimensioniert.

3 **Wundertrommel (181/263/264)**
4 **Perspektivische Täuschung (182)**

Die Perspektive dieses Raumes ist übertrieben, dadurch entsteht die Illusion eines viel tieferen Raumes. Wie es sich in Wirklichkeit verhält, wird deutlich durch das Beobachten einer Person, die in den Raum hineingeht.

Diese illusionistische Wirkung ist seit der Renaissance in der Architektur und bei Bühnenbildern ein beliebtes Darstellungsmittel.

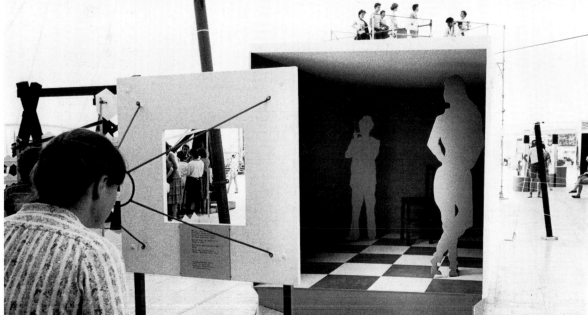

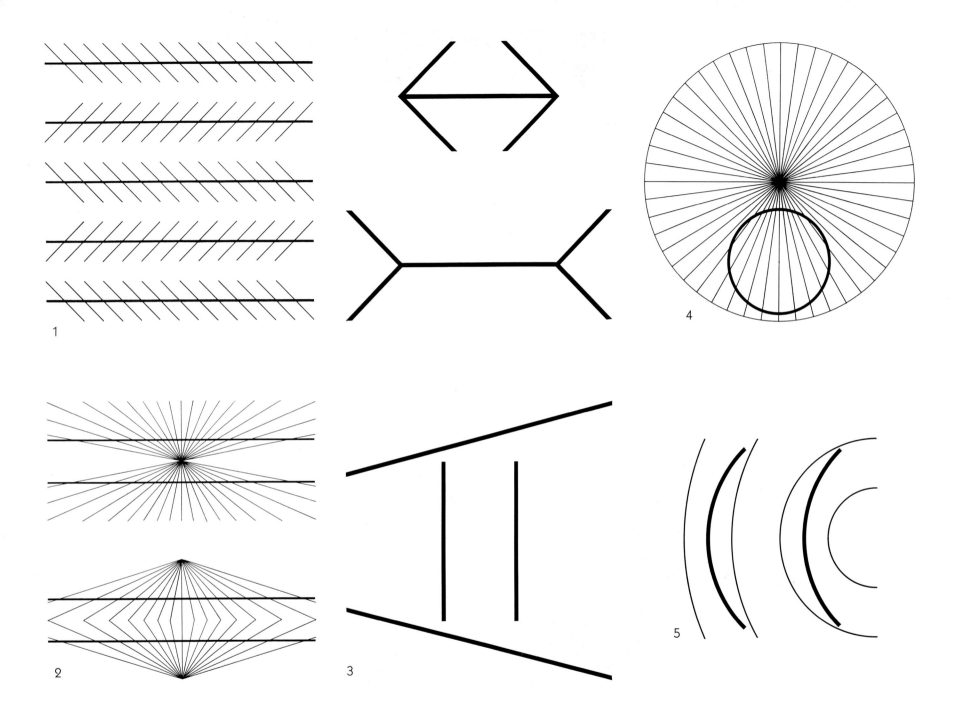

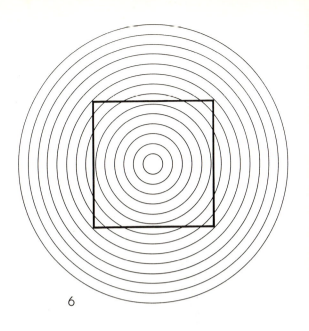

6

Optische Täuschungen (240)

Parallel-Täuschungen:
1 die dicken Linien sind in Wirklichkeit parallel
2 die dicken Linien sind gerade

Längen-Täuschung:
3 die mittleren Strecken sind in Wirklichkeit gleich lang

Kreistäuschung:
4 der Kreis ist ein absolut geometrischer Kreis
5 die beiden dick gezeichneten Kreisbogen haben den genau gleichen Radius

Alle diese optischen Täuschungen beruhen auf der Kontrastwirkung der Primärelemente zu ihrer Umgebung.

Quadrat-Täuschung:
6 das Quadrat hat in Wirklichkeit gerade Seiten

Form und Gegenform:
7 es können in dieser Abbildung zwei verschiedene Bilder gesehen werden, entweder eine Vase oder zwei Gesichter

8 Diese **unmöglichen Gebilde** sind keine optischen Täuschungen, sondern absichtlich geometrisch falsch gezeichnet.

7

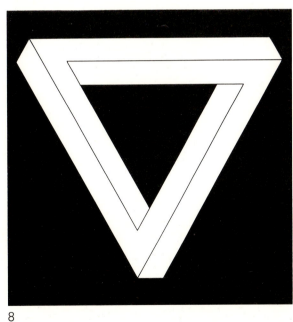

8

Ausstellung 3. Teil

Photosynthese

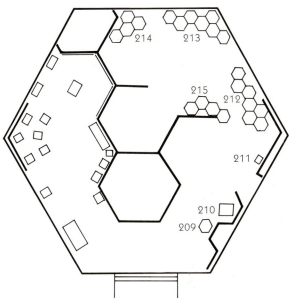

	Seite
209 Modell eines Chloroplasten	
210 Modell eines Laubblattes	150
211 Gaswechsel der Pflanze	151
212 Die Pflanze in allen Lebensräumen	
213 Pflanze als Grundlage der Ernährung	
214 Pflanze als Brennstoff	
215 Pflanze als Baustoff	

Der Bereich «Photosynthese» im Kuppelbau

149

1

Photosynthese (209–215)

Der Name sagt, dass es sich bei diesem Vorgang um die Synthese, den Aufbau von chemischen Verbindungen mit Hilfe von Lichtenergie, handelt. Nur unserer Pflanzenwelt ist es möglich, das Licht umzusetzen und aus Kohlendioxyd (in der Luft zu ca. 0,03 Vol.-%) und Wasser die für unsere Ernährung wichtigen Zukker, Eiweisse und Fette zu synthetisieren. Pro Jahr wird weltweit rund 10x mehr Sonnenenergie in Pflanzen umgewandelt, als die Menschen heute gesamthaft verbrauchen, und nur wenige Prozente davon dienen uns als Nahrung. Etwa das 100fache des jährlichen Energieverbrauches ist ständig gespeichert in Pflanzensubstanz, vor allem im Holz unserer Wälder. Was wissen wir heute darüber, wie dieser Energieumwandlungsprozess geschieht? Die Forschung der letzten 3–4 Jahrzehnte hat viele der Vorgänge untersucht. Innerhalb von Billionstelsekunden nach dem Auftreffen von Licht auf den im Blatt vorhandenen grünen Farbstoff Chlorophyll geschehen schon die ersten Reaktionen, innerhalb von Millionstelsekunden sind elektrische Potentiale messbar, und nach wenigen Tausendstelsekunden sind chemische Verbindungen fassbar, die schliesslich zu den in Zeiträumen von Stunden sichtbaren Wachstumserscheinungen führen. Diese fast unendliche Zeitspanne von Billionstelsekunden zu Stunden, in Verbindung mit dem Phänomen __Leben,__ macht es unmöglich, das Geschehnis der Photosynthese in einfachen Versuchen darzustellen.

Der aufgestellte Versuch (unteres Bild) zeigt, wie die Pflanzen schlechte Luft in gute umwandeln, d.h. im Sonnenlicht Kohlendioxyd aufnehmen und Sauerstoff (für unsere Atmung) abgeben. Wie dieser Vorgang, von dem nicht nur die Pflanzenwelt, sondern auch Mensch und Tier abhängig sind, im Detail vor sich geht, kann die wissenschaftliche Forschung auch heute noch nicht erklären.

1   Modell eines Laubblattes (210)

2   Die Pflanzenschau gliedert sich in Nähr-, Nutz- und Rohstoffpflanzen

3   Gaswechsel der Pflanze (211)

2

3

Technische Photosynthese (220)

Eine Anlage zur Gewinnung und chemischen Speicherung von Sonnenenergie.

Unsere heutige so fortgeschrittene Technik basiert noch immer auf der Verbrennung der nicht erneuerbaren fossilen Brennstoffe Kohle, Erdöl und Erdgas in Maschinen, Kraftwerken und Heizanlagen. Sie sind in einem Jahrmillionen dauernden Prozess durch natürliche Photosynthese in Pflanzen erzeugt und durch Inkohlung in der Erde entstanden. Nun verbrennen wir diese wertvollen Rohstoffe innert weniger Jahrzehnte und belasten die Umwelt durch eine Vielzahl von Schadstoffen, die unsere Wälder und unsere Gesundheit bedrohen. Wenn es gelingt, erneuerbare Umweltenergie zu nutzen und durch technische Photosynthese ähnlich wie in den Pflanzen Energieträger zu produzieren und zu speichern, die bei Bedarf für Energiedienstleistungen verbraucht werden können, wäre ein wesentlicher Beitrag zum Umweltschutz geleistet.

Wenn die Sonne scheint, wird der als Parabolspiegel in Leichtbauweise konstruierte Konzentrator durch die elektronische Steuerung der Sonne nachgeführt. Die konzentrierte Strahlung sammelt sich im Brennfleck im Fenster des Konverters (der Konverter besteht aus den drei grossen Rohren, die in den Konzentrator eingebaut sind). Aus der anfallenden Wärme wird zunächst elektrische Energie erzeugt, die entweder direkt verbraucht oder aber zur Treibstofferzeugung über die Spaltung von Wasser in Wasserstoff und Sauerstoff genutzt wird. Dies ist die erste Stufe der chemischen Speicherung – die zweite Stufe basiert auf Schwefelsäure und nutzt die Abwärme der Stromerzeugung. Mit Wasser verdünnte Schwefelsäure wird im Konverter durch Abtrennen von Wasser konzentriert und in den Kanistern gespeichert. Auch dieser Prozess wird über einen mikroelektronischen Rechner gesteuert. Im Winter, wenn Heizenergie benötigt wird, steuert der Rechner den umgekehrten Prozess: Die konzentrierte Säure wird mit Wasserdampf zur Reaktion gebracht, wobei erhebliche Wärme freigesetzt wird. Der erforderliche Wasserdampf wird durch Umweltwärme gebildet. Die hier neben dem Konzentrator aufgestellte Box ist also eine chemische Wärmepumpe. Die verdünnte Säure fliesst in die Kanister zurück und wird dort bis zur Aufkonzentrierung im Sommer gelagert.

Die hier gezeigte Anlage reicht für die Beheizung eines Ein- oder Zweifamilienhauses und bei Einbau des Strom- und Treibstofferzeugers für dessen Stromversorgung und zum Betrieb eines Dieselfahrzeuges aus. Mehrere elektronische Systeme überwachen die ganze Einheit, sorgen für eine optimale Energienutzung und schwenken den Konzentrator bei starkem Wind in die horizontale Lage, um den Windkräften standzuhalten. Bei den heutigen Energiepreisen sollte die Einheit durch Einsparung fossiler Brennstoffe in 10 bis 12 Jahren erwirtschaftet sein.

1

2

3

4

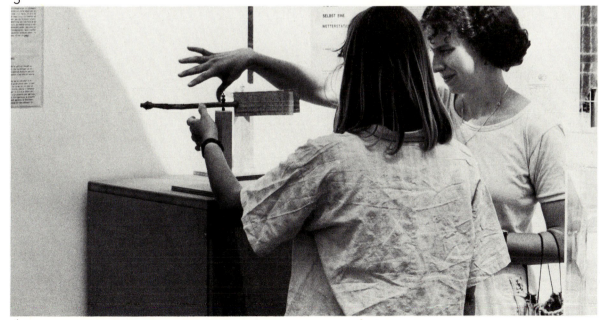

Meteorologie

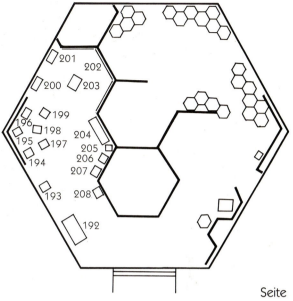

	Seite
192 Informationstisch	
193 Anzeigegerät	154
194 Feuchtigkeitsmesser aus der Natur	154
195 Haarhygrometer	
196 Windanzeigegerät	155
197 Sonnenscheinautograph	
198 Niederschlagsschreiber	
199 Windmesser	154
200 Wetterhütte	
201 Industrieller Windmesser	155
202 Wolkenbilder	
203 Radiometer	
204 Temperaturmessung	
205 Thermohygrograph	
206 Regenmesser	
207 Barograph	
208 Stationsbarometer	
221 Wetterstationen (3 Objekte)	154

1 Klassische Wetterhütte des Klimadienstes (221)
2 Fühler einer Wetterbeobachtungsstation (193)
3/5 Windmesser (199/201)
4 Feuchtigkeitsmesser aus der Natur (194)
6 Einfache Windfahne (196)

155

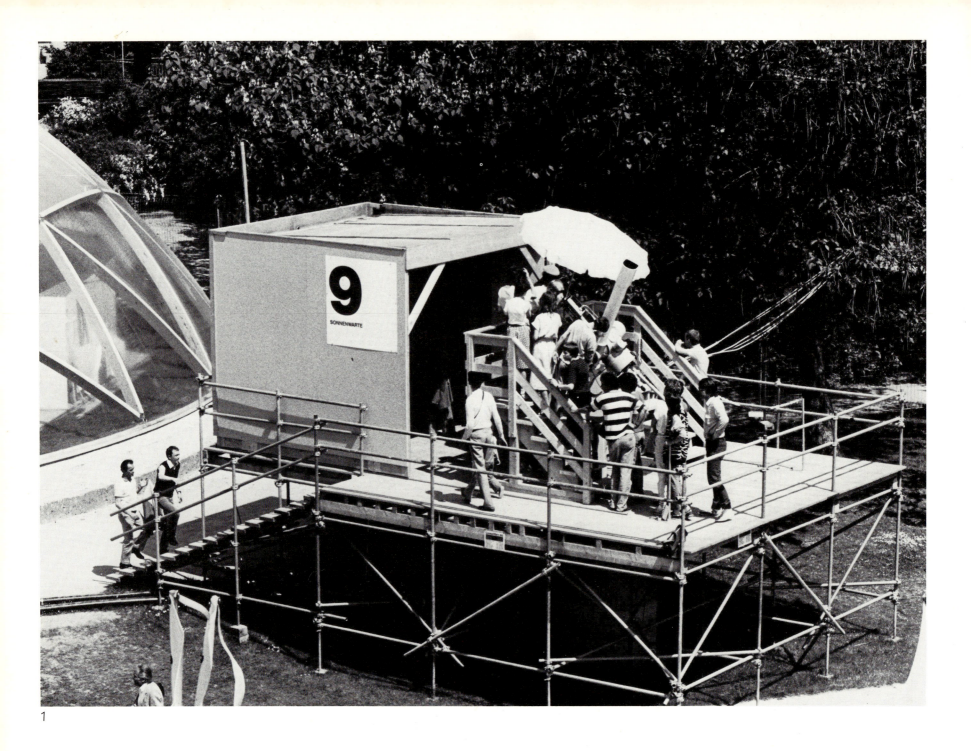
1

Sonnenwarte

Im Kuppelbau wird versucht, das Phänomen der Photosynthese, also des lebensentscheidenden Prozesses, zu ergründen, der darin besteht, dass unser Sonnenlicht in der Pflanzenwelt nicht nur das Wachstum fördert, sondern die Entstehung der Pflanzensubstanz bewirkt. Neben dem Kuppelbau befindet sich die Station der technischen Photosynthese. Hier wird versucht, diesen gewaltigen Energieumwandlungsprozess technisch zu nutzen, z.B. in Form einer hauseigenen autonomen Energiezentrale. So liegt es nahe, auch der Sonne selbst unsere besondere Aufmerksamkeit zu widmen.

1   Die Sonnenwarte (222) macht uns vertraut mit den Aktivitäten, die sich auf der Oberfläche unserer Sonne fortwährend abspielen.

2   Der Zeiss-Coudé-Refraktor (15 cm Ø) zeigt uns auf einem separaten Projektionsschirm die Sonnenflecken sowie die Protuberanzen und Eruptionen. Die Anlage ist ausgerüstet mit einem H-alpha-Filter.

Der Bambusturm

Er ist mit Abstand das grösste Ausstellungsobjekt der PHÄNOMENA und auch das vielseitigste. Im Unterschied zu andern Exponaten ist er zugleich noch Ausstellungsraum, beinhaltet Spiegelphänomene, eine Etage für Kaleidoskop-Beobachtungen, gegen 200 Windspiele, einen grossen Gong von 1,50 Meter Durchmesser, 4 Rutschbahnen, Aussichtstürme und Terrassen.

1 Nordostansicht des Bambusturmes
2 Eine der vier Rutschbahnen

1

2

3

4

5

1. **Kaleidoskop-Beobachtungsraum (259)**
Mit Oktoskopen, kleinen Rohren, in deren Längsrichtung zwei Spiegel im Winkel von 45° zueinander stehen, ergibt sich ein achtfaches Spiegelbild. In Wirklichkeit beträgt der Sehbereich nur einen achten Teil des kreisflächigen Bildausschnittes. Eine senkrechte Linie kann durch leichtes Drehen des Oktoskopes als Viereck, Achteck, Kreuz- oder Sternform gesehen werden. Richten wir durch das Oktoskop den Blick auf kompliziertere Motive, begegnen wir einem unerschöpflichen Reichtum ornamentaler Strukturen. Im Kaleidoskop-Raum können wir die Verwandlung der Motive durch die Spiegelung nach beiden Richtungen verfolgen. Von der Vielfalt ins Einfache, von der einfachen Vorlage in das Ornament. Sich um ihre eigene Achse drehende Körper ergeben in der Kaleidoskop-Beobachtung rhythmisch pulsierende Bildeffekte.

2. **Spiegellabyrinth (258 + 269)**
Die erste Etage des Bambusturmes ist in ihrem Innenraum grossflächig verspiegelt. Im Zentrum steht ein mit über 70 000 Nägeln bestückter Tisch. Die Nägel können sich in einem gelochten Stahlblech leicht und frei bewegen, so dass ein Bestreichen der Nagelspitzen an der Unterseite des Tisches auf der Oberfläche Bewegungen auslöst, die an ein Kornfeld im Winde erinnern.

3. **Ausstellungsrestaurant**
Hier werden hochwertige Speisen von Grund auf zubereitet, ohne Schnellerhitzung und Mikrowellen, unter Verwendung biologischer Lebensmittel. Auf den Ausschank von Alkohol wurde bewusst verzichtet. Unter der Küchenmannschaft befinden sich auch zwei chinesische Köche aus Kunming, die bereits in der Aufbauphase für das leibliche Wohl ihrer Landsleute gesorgt haben und die Speisekarte mit hervorragenden Spezialitäten bereichern.

4. **Szenen zur PHÄNOMENA**
Der grosse Schweizer Mime **René Quellet** zeigt in insgesamt 180 Darbietungen Szenen zur PHÄNOMENA. Ohne Bühnentechnik und Staffagen fährt er in seinem eigenen Gravitationslift, charakterisiert Ausstellungsbesucher, erzeugt künstliche Schwerkraft zum grossen Vergnügen der Zuschauer.

5. **Veranstaltungen im Rahmen der PHÄNOMENA**
Im Ausstellungsgelände finden wiederkehrende Demonstrationen, Spezialführungen für Fachleute, Vorträge und Darbietungen statt. Bild Nr. 5 zeigt den japanischen Origami-Meister Akira Yoshizawa bei der Vorführung seiner Papier-Faltkünste.

Bärlappsporen auf schwingender Membran, aus der Kymatik von Hans Jenny

Zur Entstehung der PHÄNOMENA

Zum Glück gibt es Kaffeehäuser! Der schöne Ausstellungstitel wurde im Gespräch mit einem Sprachprofessor bei einer Tasse Kaffee gefunden. Bereits aus dem Namen der Ausstellung sollte ihr Inhalt hervorgehen. Phänomena ist die Mehrzahl von Phänomen, auf griechisch «Phänomenon». War der Titel erst einmal gegeben, konnte auch die Sache selbst ihren Lauf nehmen.

Am 31. März 1981 wurde das Projekt PHÄNOMENA erstmals der Presse vorgestellt. Als Ausstellungstermin fasste man den Sommer 1983 ins Auge, doch zeigte sich bald, dass diese Frist für die Vorbereitung allzu knapp bemessen war. Insbesondere die Lösung der Finanzierungsfragen brauchte ihre Zeit, weil sie weit mehr Probleme aufwarf, als anfänglich vermutet werden konnte. Trotz der Terminverschiebung auf Mai 1984 standen die Veranstalter bei der Umsetzung der Ausstellungsidee in die Realität bis zum Tage der Eröffnung fast ununterbrochen unter Zeitdruck.

Die Vorbereitungsarbeiten spielten sich gleichzeitig auf drei verschiedenen Ebenen ab. Zum ersten galt es, die gesamten Objekte der Ausstellung zu entwickeln, zu bauen und zu testen. Es handelt sich fast ausnahmslos um Prototypen, die zum Teil anspruchsvolle Experimentierphasen voraussetzten. Die zweite Aufgabe bestand darin, die Ausstellungsbauten zu errichten. Diese mussten den örtlichen Gegebenheiten der Parkanlage Rechnung tragen und in ihrer Gestaltung der Ausstellungsidee gerecht werden. Das Baukonzept strebte ein Wechselspiel zwischen dem Ausstellungsinhalt, dem äusseren Erscheinungsbild und der Parkanlage an. Das dritte und wohl schwierigste Problem war, der PHÄNOMENA in einer wirtschaftlich härteren Zeit zu einer tragfähigen materiellen Basis zu verhelfen.

Ausser einer Baukommission wurden keine Ausschüsse gebildet. Das Ausstellungskonzept und alle administrativen Aufgaben einschliesslich Werbung und Presse wurden im kleinsten Kreise erarbeitet. Auch hatten wir uns frühzeitig entschlossen, alle Drucksachen im Eigenverlag herauszugeben und das Ausstellungsrestaurant sowie den Kiosk selber zu führen. Dadurch ergaben sich trotz der damit verbundenen Mehrarbeit organisatorische Vereinfachungen und vor allem die Chance, bei einem möglichen Gewinn dem Ausstellungsdefizit entgegenzuwirken. Der erste Spatenstich für die Ausstellung erfolgte im Oktober 1983. Mit dem Innenausbau wurde im März 1984 begonnen. Das grosse Crescendo, die hektischen letzten Wochen setzten Mitte April ein. Der Gestalter und Ausstellungsbauer Willi Ebinger aus Bern leitete die dramatische Schlussrunde so souverän, dass trotz erheblichen Zweifeln, ob all das emsige Treiben rechtzeitig sein Ende finden würde, am 12. Mai, Schlag 10 Uhr, die PHÄNOMENA mit feierlichen Reden und Klängen von Franz Liszt eröffnet werden konnte.

Die Idee und das Konzept der PHÄNOMENA sind ganz in ihrem ursprünglichen Sinne ohne Konzessionen, gewichtige Änderungen oder Abstriche verwirklicht worden. Von den ersten Anfängen an waren nicht nur der Charakter der geplanten Ausstellung, sondern vielmehr auch die geographische Lage, Grösse, Gliederung der Schwerpunkte sowie der finanzielle und organisatorische Richtplan im wesentlichen festgelegt. Diese eindeutige Ausgangslage war einem zielstrebigen und ökonomischen Vorgehen sehr förderlich, so dass es möglich war, den organisatorischen Stab einschliesslich Sekretärinnen, Lehrtochter und Buchhalter auf sechs einsatzfreudige Personen zu beschränken. Der Zuzug von Johannes Peter Staub für die Gelände- und Baugestaltung erfolgte schon im ersten Stadium der Planung. Nikolaus Schwabe als Ausstellungsgestalter konnte im Frühjahr 1982 verpflichtet werden. Diesen beiden Künstlern verdankt die PHÄNOMENA ein einheitliches und in sich geschlossenes Erscheinungsbild. Ab Frühjahr 1983, bereits im Laufe der Realisierungsarbeiten, stiessen die Projektleiter Pierre Crettaz, Hans Denzler und Markus Rigert hinzu. Neben den erwähnten Persönlichkeiten beteiligten sich massgebend Prof. Dr. Maurice Martin und Dr. Albert Gyr mit wissenschaftlichen Beiträgen sowie Thomas Dubs, der den Kaleidoskopraum und verschiedene Objekte im Freien schuf. Im Verlaufe der dreijährigen Vorbereitungszeit erweiterte sich der Kreis der Mitwirkenden massiv, so dass im Impressum dieses Katalogs auf den Seiten 194 bis 197 gegen 500 verschiedene Einzelpersonen, Institute, Lehrwerkstätten und privatwirtschaftliche Institutionen verzeichnet sind. Würde man dort, wo lediglich Firmen und Institute genannt sind, auch alle Mitarbeiter aufzählen, die zum guten Gelingen der PHÄNOMENA beigetragen haben, ergäbe sich wohl ein Kreis von weit über tausend Mitwirkenden.

Bautechnische Aspekte

Die Ausstellungsarchitektur mit Ausnahme des Kuppelbaus wurde vom Zürcher Maler und Bildhauer Johannes Peter Staub entworfen. Er hatte im Jahre 1967 auch die Ausstellungshallen für unsere Henry-Moore-Ausstellung gestaltet und ist mit dem Ausstellungsgelände von da her bestens vertraut. Von Anfang an zeigte es sich, dass nur leichte Baustoffe eingesetzt werden können, wie z.B. Textilgewebe und Holz.

Die Parkanlage Zürichhorn sollte der Bevölkerung als wichtiger Erholungsraum weitgehend erhalten bleiben. Dies gelang durch eine leichte Dezentralisierung der Ausstellung und ein Offenhalten aller Spazierwege. Die umzäunte Ausstellungsfläche sollte so klein wie möglich gehalten werden. Mit den Objekten im Freien werden auch diejenigen Parkbenützer angesprochen und mit einbezogen, die auf einen Eintritt in den geschlossenen Bereich verzichten möchten. Ein weiteres Anliegen war die Schonung der Parkanlage und ihres Baumbestandes. Dies konnte in grossem Masse verwirklicht werden, wurden doch sämtliche Bauten den Gegebenheiten angepasst. Kein Strauch musste entfernt, kein Baum gefällt werden. Auch die Wiederherstellung des alten Zustandes nach Abschluss der Ausstellung wird in wenigen Monaten möglich sein. All diese Faktoren bedingten, dass sämtliche Bauten nach neuen Entwürfen zu erstellen waren, dass vorfabriziert oder ausleihbare Elemente einzig für den Bau des Liftschachtes eingesetzt werden konnten.

Hier werden die Zelte hochgezogen und die Drahtseile gespannt

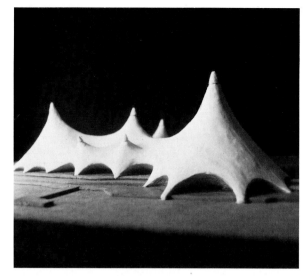
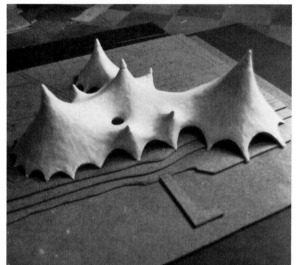
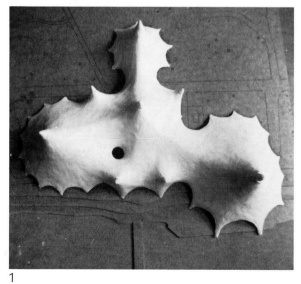
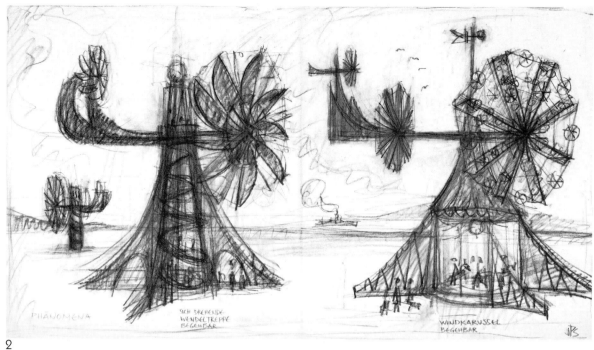
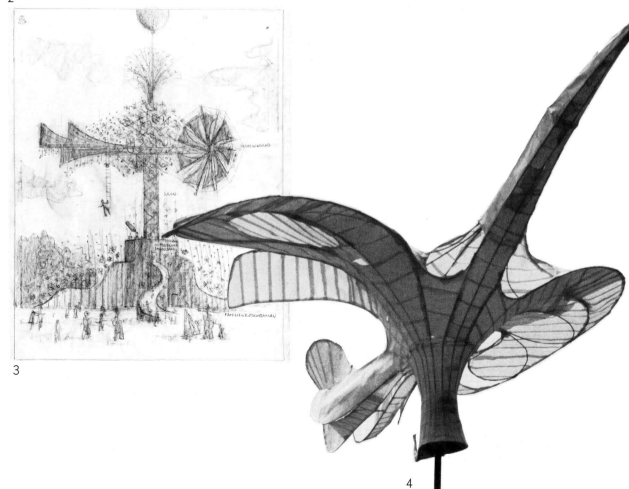

1
2
3
4

168

Erste Skizzen zur PHÄNOMENA

Die PHÄNOMENA mit ihren naturwissenschaftlichen, in sich geschlossenen, thematisch anspruchsvollen Bereichen sollte auch ein Ort der Bewegungs- und Spielfreude werden. So entstanden einige Ideen mächtiger, begehbarer Windskulpturen, die sich leider infolge mahnender Einwände der Aerodynamiker und Statiker nicht ihrer Verwirklichung entgegenführen liessen. An ihrer Stelle entstanden die vielen Windräder rund um den Bambusturm, Savonius-Rotoren und Windschnecken. Ursprünglich sollte der Bambusturm von zwei Zeltbauten flankiert werden. An Stelle des einen Zeltes trat der eindrückliche Holzkuppelbau, in dem sich Erfindergeist und handwerkliches Können der einheimischen Holzfachleute manifestieren konnte.

Johannes Peter Staub hat nicht nur sämtliche Bauten und Windspiele gestaltet, er ist auch verantwortlich für das bauliche Gesamtkonzept, die Wahl der Baumaterialien und der Konstruktionen.

1 Modelle der Hauptzelte

2 Begehbare Windskulpturen

3 Der Bambusturm als erster Entwurf

4 Vorschlag für eine Windskulptur am See

5 Unser Baugestalter, Johannes P. Staub, zweiter von links, und seine Frau mit Vertretern der Stadtbehörden von Kunming

6 Skizze des Bambusturmes zur Zeit des Abschlusses des Bauvertrages zwischen dem Zürcher Forum und seiner Schwesterstadt Kunming

Hauptzelte

Sie haben eine maximale Ausdehnung von 100 m und bestehen aus vier durch Fischbäuche zusammengesetzten Einzelzelten. Die Verankerungspunkte haben Lasten von bis zu 70 Tonnen aufzunehmen. Der Grundriss dieses Flächentragwerks ist dem gegebenen Baumbestand angepasst worden. Ein Baum ragt durch die Zelte hindurch ins Freie. Ein grosses Fragezeichen bestand im Verhalten der Anlage bei Föhnsturm. Gross war die Erleichterung, als bei den Januarstürmen im Jahre 1984 die Zeltbauten unbewegt den enormen Windkräften standzuhalten vermochten.

1   Die Hauptzelte vor der Montage der «Fischbäuche», welche die einzelnen Elemente zu einem geschlossenen Flächentragwerk verbinden.

2   Der Grundriss der Hauptzelte zeigt deutlich die Konstruktionsverwandtschaft der Verspannungen mit dem Bau eines Spinnennetzes.

3   Skizze für die Zelte.

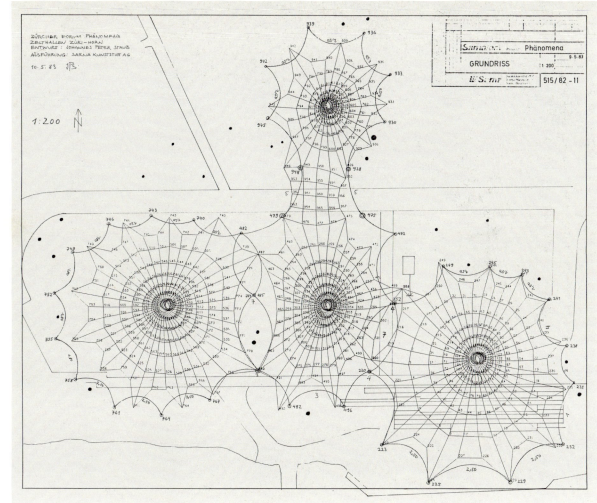

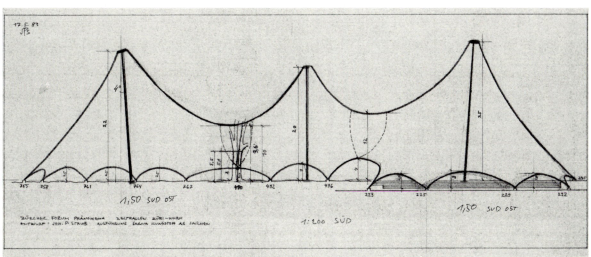

1

2

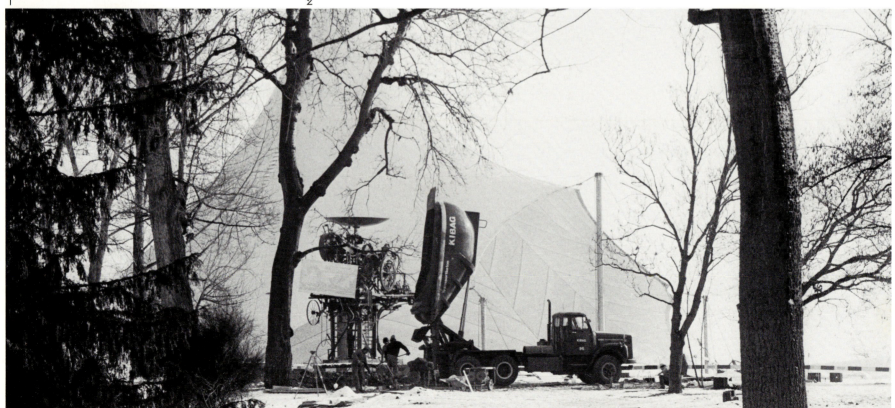

3

1   Wie riesige Pilze nehmen sich die oberen Abschlüsse der Zeltmasten aus, an denen die Tücher befestigt und hochgezogen werden.

2   Mit dem Kranwagen werden die einzelnen Zeltpakete in ihre Position gebracht.

3   Der Lärm der Heureka-Maschine von Tinguely wird für einmal übertönt durch den Baubetrieb der PHÄNOMENA.

4   Sind die Zeltplanen einmal richtig ausgelegt und am oberen Mastring befestigt, kann sie der Baukran hochziehen.

5   Ist ein Hauptmast in seiner senkrechten Lage fixiert, beginnt die eigentliche Verankerung der Zelte. Insgesamt waren für das viergliedrige Hauptzelt der PHÄNOMENA 36 Verankerungen notwendig, die Lasten bis zu 70 Tonnen aufzunehmen haben.

4

5

Ein Turm aus lauter Bambus

Der Bambus-Spielturm ist das Ergebnis einer Zusammenarbeit zwischen der Kunming Construction, einer chinesischen Bauunternehmung, und dem Zürcher Forum. Das erfreuliche Gemeinschaftswerk wäre wohl kaum zustande gekommen, hätten nicht die beiden Städte Kunming und Zürich einen Freundschaftsvertrag abgeschlossen.

Im Januar 1984, nach umfangreichen Verhandlungen, traf eine riesige Ladung Bambus, verpackt in Schiffscontainern, in Zürich ein. 44 chinesische Facharbeiter und Ingenieure haben in einer Zeit von vier Monaten die für den Bau notwendigen 120 Tonnen Bambus von Hand und mit einfachsten Hilfsmitteln verarbeitet. Da Bambusbauten in China nicht über eine Höhe von 8 Metern hinausgehen, haben die chinesischen Gäste vorgängig in ihrer Heimat für den 20 Meter hohen Zürcher Turm Bauproben durchgeführt. Für die statisch anspruchsvollen Verbindungen wie auch für den gesamten Bambusbau wurden weder Nägel noch Schrauben verwendet. Einzig bei den Verbindungen mit den Stahlfundamenten und den Zwischenböden aus Holz, die den hiesigen Baunormen entsprechen sollten, wurden Konzessionen gemacht. Die vielen Windräder entstanden im Eigenbau; die komplizierteren Savonius-Rotoren verdanken wir dem Spenglermeisterverband der Stadt Zürich und Umgebung.

1 Bambusturm im Rohbau.

2 Detailplan der verschiedenen Verbindungstypen.

3 Grundrissplan zur Anordnung der Fundamente.

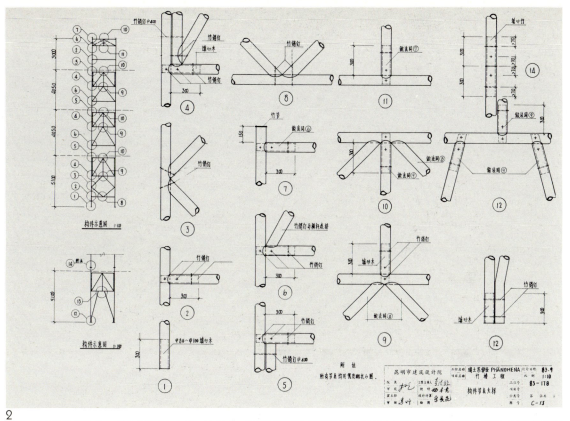

2

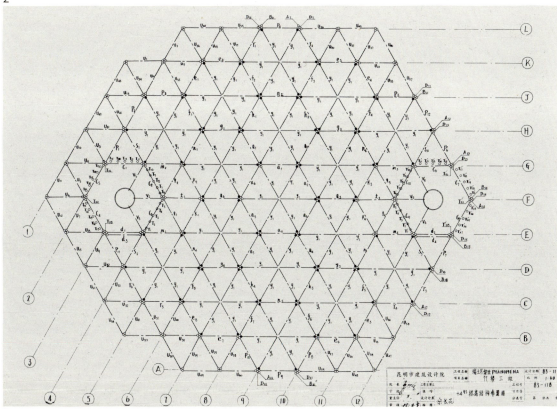

3

1

2

3

4

Zur Entstehung des Bambusturms

Auf einer langen Seereise von China über Indien, durch den Suezkanal bis nach Hamburg und von dort per Bahn gelangte der benötigte Bambus in sieben 12 Meter langen Containern in die Parkanlage Zürichhorn. Tausende von Bambusrohren mit Durchmessern von 3–14 Zentimetern lagerten auf dem Bauplatz und füllten das Montagezelt. Als die chinesischen Arbeiter Anfang Januar 1984 in Zürich eintrafen, waren die 140 mit je einem Stahlkern zur Verankerung der Bambusrohre versehenen Fundamentsockel bereits fertig gegossen, so dass es mit dem Rohbau zügig vorangehen konnte.

In China werden Bambusbauten bis zu einer Höhe von maximal acht Metern errichtet. Der Zürcher Bambusturm ist jedoch 22 Meter hoch. Die chinesische Bauequipe entschloss sich deshalb noch in ihrer Heimat zu einer Bauprobe und führte zwei Turmelemente in Originalgrösse aus. Viele Verbindungen waren schon in Kunming vorgefertigt worden. Die chinesischen Konstrukteure haben sich unseren klimatischen Gegebenheiten, den Windverhältnissen und auch den schweizerischen Bauvorschriften angepasst und den detaillierten Terminplan präzise eingehalten. Die Bambusbauweise und die damit verbundenen Handfertigkeiten unterscheiden sich sehr von unserer Zimmermannsarbeit. So ist es nicht verwunderlich, dass die Baustelle stets von Schaulustigen umlagert war; vor allem das Biegen und Richten der Bambusrohre mit Feuer und Wasser und die kunstvollen Verbindungen, die weder Nägel noch Schrauben benötigen, fanden viel Beachtung. Trotz seiner stabilen Konstruktion lässt sich das Bambusgebäude von der obersten Etage aus in leichte Schwingung versetzen; damit ist indessen kein Sicherheitsrisiko verbunden.

Mit dem Bau des Bambusturmes und mit der späteren Errichtung der Zelte hat die PHÄNOMENA als Veranstaltung bereits begonnen, Monate bevor sie am 12. Mai ihre Tore öffnen konnte. Die Baustelle war bis in die letzten Tage vor der Eröffnung dem Publikum und den zahlreichen, das Baugeschehen lebhaft mitverfolgenden Passanten zugänglich.

1/2 Ankunft der Schiffscontainer und «Löschung» ihrer Ladung.

3 Blick auf die Fundation des Bambusbaues mit den herausragenden Stahlkernen zur Aufnahme der tragenden Säulen.

4 Im Montagezelt werden die kunstvollen Verbindungen der Bauelemente vorbereitet.

5 Jede einzelne Bambusstange muss auf ihr Mass abgelängt werden.

6 Wie schnell und wie einfach lassen sich wichtige Hilfsmittel, hier eine Leiter, aus Bambus herstellen.

7 Sind die einzelnen Elemente zusammengefügt, werden sie mit geschmeidigem, aufgeschnittenem Bambus umwickelt.

1

2

3

4

1 Auf langen Tischen mit einer Spannvorrichtung können die Bambusstangen exakt gerichtet werden.

2 Auch die Sitzgelegenheiten im Turm werden aus Bambusrohr und aufgeschnittenen Streifen kunstvoll hergestellt.

3 Mit Feuer und Wasser können Bambusrohre abgebogen werden.

4 An die tragenden Säulen des Turmes werden hohe statische Anforderungen gestellt, gilt es doch, eine Bodenbelastung von 300 kg pro m² auch in den oberen Etagen zu gewährleisten.

5 Die Geometrie der Baukonstruktion ist auf dem Sechseck aufgebaut.

6 Trotz Schnee und winterlicher Kälte kann der Turm ohne Unterbruch sich langsam aber stetig seiner Vollendung nähern.

5

6

Technische Angaben

Gesamte Ausstellungsfläche:	ca. 10 000 m²
Anzahl Objekte:	340
Bauten:	
Hauptzelte:	
max. Masthöhe	24 m
Anzahl Masten	4
Grundfläche	4400 m²
Grundfläche 1. Etage	670 m²
Nebenzelt:	
max. Masthöhe	13,50 m
Anzahl Masten	4
Grundfläche	900 m²
Bambusturm:	
Höhe	22 m
Etagen	3
verbauter Bambus	120 t
Bauzeit	4 Monate
Gravitationsturm:	
Höhe	30 m
Fahrweg Lift	18 m
max. Beschleunigung	2,5 m/s²
Kuppelbau:	
Höhe	8 m
Durchmesser	25 m
Grundfläche	500 m²
Total umbauter Raum	48 000 m³
Vorbereitungszeit für die gesamte Ausstellung:	3 Jahre
Bau der Ausstellungsobjekte:	2 Jahre
Bau der Ausstellungsgebäude:	7 Monate
Anzahl der Mitarbeiter während der Vorbereitungszeit:	6
Anzahl der Mitarbeiter während der Realisierungszeit:	
bis Ende Januar 84:	13
Februar 84 bis Eröffnung:	25
Beschäftigte Betriebe und Institute für den Exponatenbau:	
27 Lehrwerkstätten	
21 Hochschulinstitute	
sowie zahlreiche privatwirtschaftliche Unternehmungen	
Anzahl Mitarbeiter für den Ausstellungsbetrieb inkl. Teilzeitbeschäftigte:	170

1–4 Bilder aus der Bauphase des Bambusturms

1

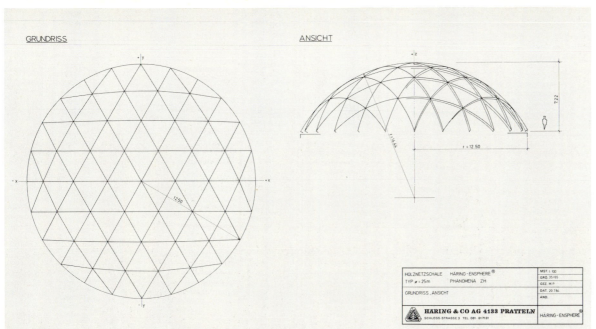

1–3 Holzkuppelbau

In Amerika, dem Lande, in dem Buckminster Fuller seine kühnen, stützenfreien Überdachungen realisieren konnte, stehen auch die grössten Holzkuppeln der Welt. Der Kuppelbau der PHÄNOMENA mit einem Durchmesser von 25 m ist sozusagen den schweizerischen Verhältnissen angepasst. Trotzdem stellt er nicht eine redimensionierte Ausführung der amerikanischen Kuppeln dar. Er ist vielmehr eine Neuentwicklung der Firma Häring AG, Pratteln, eine eigenwillige Netzschale aus Holz, welche erstmals an der PHÄNOMENA gezeigt wird. Ihr Konzept ist bestimmt durch drei sich durchdringende Bogensysteme, die Kugelgrosskreisen entsprechen. Aus der optischen Gradlinigkeit dieser Holzträger ergeben sich hohe statische Eigenschaften und eine überzeugende Geometrie. Der Kuppelbau dient nicht nur der Überdachung der Bereiche Photosynthese und Meteorologie, er ist selbst ein Ausstellungsobjekt der PHÄNOMENA, gewissermassen ein schweizerisches Gegenstück zur chinesischen Bambusbautechnik.

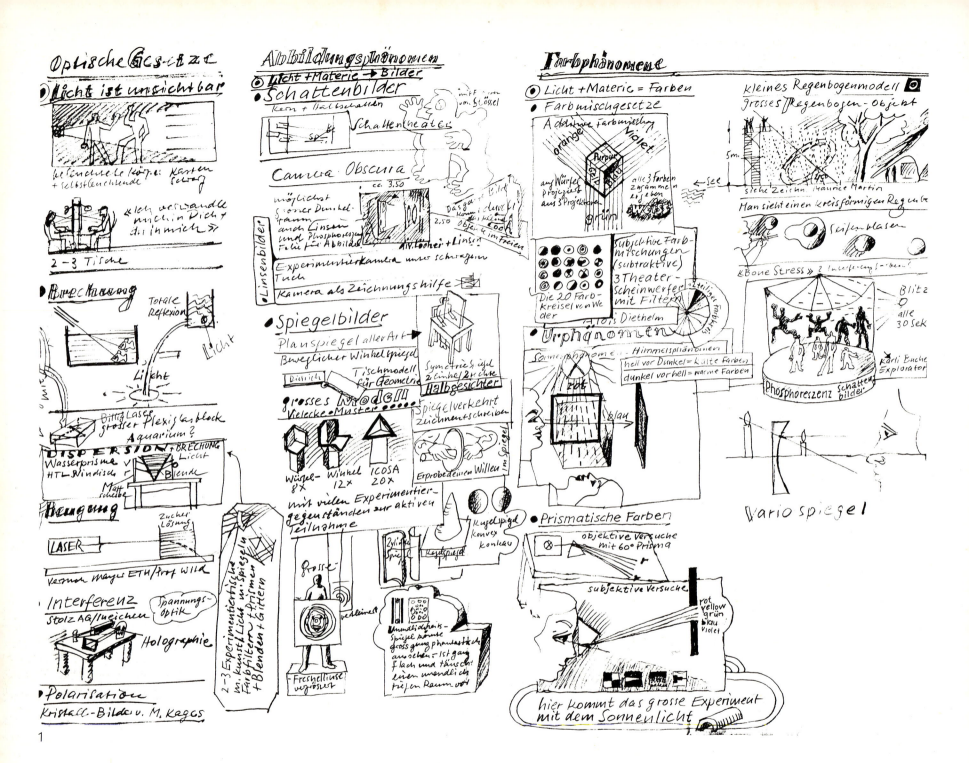

Zum Prozess der Ideenfindung

Wesentliche Anregungen verdankt die PHÄNOMENA dem Deutschen Museum, München, und dem von Frank Oppenheimer in San Francisco in den sechziger Jahren aufgebauten Exploratorium. Auch die Arbeiten von Paul Schatz (Umstülpkörper), Hans Jenny (Kymatik), Theodor Schwenk (Strömungsforschung), Heinrich Proskauer und Fritz Lobeck (Farbenlehre), Maurice Martin (Mechanik und Optik) und Albert Gyr (Wasser) sind in diesem Zusammenhang zu erwähnen. Der Ausstellungsgestalter Nikolaus Schwabe hat sich mit zahlreichen Eigenschöpfungen am Objektbau beteiligt.

Die PHÄNOMENA ist auch ein Ergebnis des langjährigen Bemühens des Zürcher Forums, seine Veranstaltungsthemen und Inhalte in einer Form an das Publikum heranzutragen, welche den aktiven Einbezug und das Verständnis der Teilnehmer anstreben.

1   Aus der Skizzenmappe der PHÄNOMENA.

2   Der Gestalter der Ausstellung, Nikolaus Schwabe, umringt von Modellen für die PHÄNOMENA.

3   Bauskizze zu Objekt Nr. 168, «Spiegel oder Fenster»?

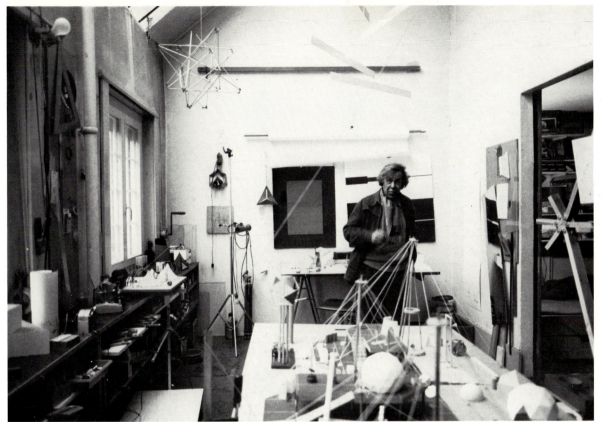

1

2

Wie die Objekte zustande gekommen sind

Vorab ist zu bemerken, dass die Herstellung des Ausstellungsgutes und die damit verbundene Entwicklungsarbeit ohne die grosse, zum Teil ehrenamtliche Mitwirkung weiter Kreise nicht möglich gewesen wäre. Allein schon von der finanziellen Seite her hätte eine konventionelle Vergebung all dieser Arbeiten jeden Rahmen gesprengt. So musste ein anderer Weg gefunden werden. Eine grössere Umfrage brachte uns in Kontakt mit Hochschulinstituten, Lehrwerkstätten und Firmen, die willens waren, sich für das Ausstellungsprojekt zu engagieren.

Prof. Dr. Maurice Martin von der HTL Brugg-Windisch, unser späterer wissenschaftlicher Berater, erklärte sich bereit, im Rahmen einer Semesterarbeit mit seinen Studenten verschiedene Vorabklärungen für die PHÄNOMENA zu treffen.

Stellvertretend für die rund 340 Ausstellungsobjekte, von denen die meisten nicht im ersten Anlauf realisiert werden konnten, seien vier Beispiele herausgegriffen:

1/2 Gravitationslift

Infolge seiner grossen Beschleunigung ist die Statik des Liftschachtes einer erhöhten Beanspruchung ausgesetzt und stellte dadurch an die Konstruktion erhebliche Anforderungen.

Ein Betonbau wäre technisch wohl die einfachste, ästhetisch aber eine unbefriedigende Lösung gewesen. Die Firma Nüssli in Hüttwilen war in der Lage, das anspruchsvolle Bauwerk fast ausschliesslich mit vorfabrizierten Gerüstelementen zu erstellen. Der Gravitationslift selbst ist eine Neukonstruktion der Firma Schindler in Ebikon. Sowohl die elektronische Steuerungsanlage wie auch die Aufgabe, bei einer Fahrstrecke von nur 18 Metern das Erleben der Gravitationskraft und der Schwerelosigkeit zu ermöglichen, haben die Konstrukteure dieser Firma hervorragend gelöst.

3/4 Wasserglocke (Modell)

Uns schwebte vor, ein Wasserspiel in Form einer Halbkugel mit einem Durchmesser von 10–15 Metern zu bauen. Namhafte Wasserbauspezialisten trafen sich bei der Wasserversorgung der Stadt Zürich zu einer ersten Lagebesprechung. Die Theorien der Experten zielten in ganz verschiedene Lösungsrichtungen, so dass man sich darauf einigte, die notwendigen Erfahrungswerte durch eine Versuchsreihe zu sammeln. Diese fand im Unterwerk Wettingen statt, wo anstelle einer Pumpe eine gewaltige Leitung der Versuchsanlage die notwendige Wassermenge zuführte. Nach achtwöchigem Experimentieren herrschte Klarheit darüber, wie dieses Wasserspiel zu konstruieren sei, und es war beabsichtigt, dasselbe auch durch die Wasserversorgung bauen zu lassen. Leider lehnte aber der Zürcher Stadtrat den notwendigen Kredit ab, und uns blieb nichts anderes übrig, als entweder das vielversprechende, als Wahrzeichen der Ausstellung bereits angekündigte Wasserspiel abzuschreiben oder selbst die Rolle des Wasserwerks als Projektleiter zu übernehmen.

1

2

3

4

Erst vier Wochen vor Ausstellungseröffnung konnte der definitive Bauentscheid getroffen werden, denn die veranschlagten Kosten von Fr. 600 000.– bedeuteten für unser Budget eine allzu grosse Belastung. Durch Vereinfachungen und Gönnerleistungen reduzierte sich der finanzielle Aufwand schliesslich auf Fr. 20 000.– für Rammarbeiten und Unterwasserinstallationen. Die imposante Düse stellten Lehrlinge der Firma H. A. Schlatter, Schlieren, her, und der Lehrmeister H. P. Hofmann war der Meinung: «Wenn diese Düse nicht termingerecht funktionstüchtig gemacht werden kann, dann ist es nicht mehr weit her mit der Schweizer Industrie!» Ihm zur Seite stand Prof. S. Palffy von der HTL Brugg-Windisch, der für die Umlenkung des Wasserstrahls verantwortlich zeichnete. Die Firma Carl Heusser, Cham, hatte nicht nur die richtige Pumpe zur Hand, sondern war auch bereit, das Gerät kostenlos einzusetzen. Erst am Vorabend der Ausstellungseröffnung, ohne jeden vorgängigen Probelauf, konnte der Hauptschalter betätigt werden. Es durfte nur noch eine Möglichkeit geben: die Wasserglocke musste funktionieren – und sie tat es auch!

Magnetgelagerte Welle

Zur Veranschaulichung der Magnetkräfte und der heutigen technischen Möglichkeiten ihrer elektronischen Steuerung wurde als Ausstellungsobjekt eine berührungsfrei in Magnetfeldern gelagerte und angetriebene Stahlwelle vorgeschlagen. Entgegen den heutigen Ausführungen, bei denen der Luftspalt zwischen der Welle und dem Wellengehäuse einige Zehntelmillimeter beträgt, wollte man zur Sichtbarmachung dieses Phänomens einen solchen von einem Zentimeter erreichen.
Das ETH-Institut für Mechanik unter Leitung von Prof. G. Schweitzer und Mitwirkung von A. Traxler stellte sich für Konstruktion und Projektleitung dieses Exponates zur Verfügung. Über einen Zeitraum von mehr als 12 Monaten galt es, eine solche Anlage zu entwickeln und zu bauen. Die Kosten wurden auf Fr. 200 000.– geschätzt. Die Metallarbeiterschule Winterthur war bereit, die mechanischen Teile unentgeltlich auszuführen. Etwa 20 weitere Firmen haben sich mit Materiallieferungen oder dem Bau von Einzelteilen dem Projekt angeschlossen. Eine umfangreiche Korrespondenz war notwendig, um laufend die richtigen Gönnerfirmen zu finden und den Fertigungsprozess zu koordinieren. Die Baraufwendungen reduzierten sich schliesslich auf Fr. 5000.–.

1 Montage der Kreisscheibe für das Foucault-Pendel.

2 Aufbau des Wasser-Bereiches.

3 70 000 Nägel werden von Hand in das Lochblech des «Nageltisches» gesteckt.

4 Der geodätische Dom im Bau.

5 Hier entstehen Objekte für die Mechanik.

6 Planskizze der magnetgelagerten Welle.

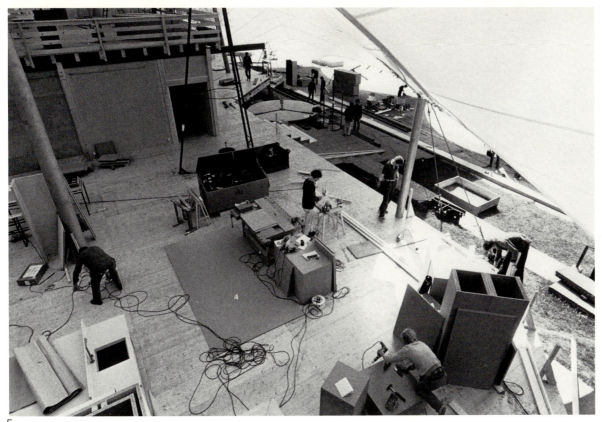

5

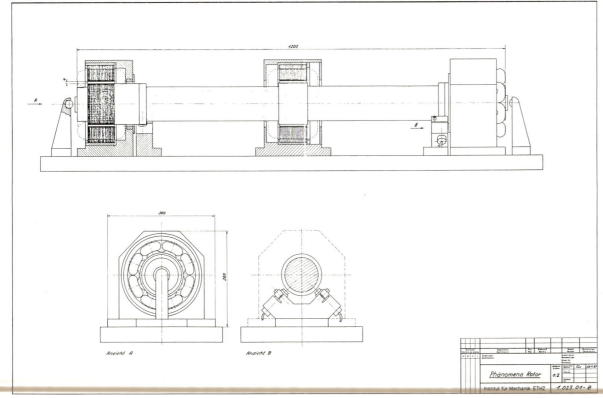

6

1

2

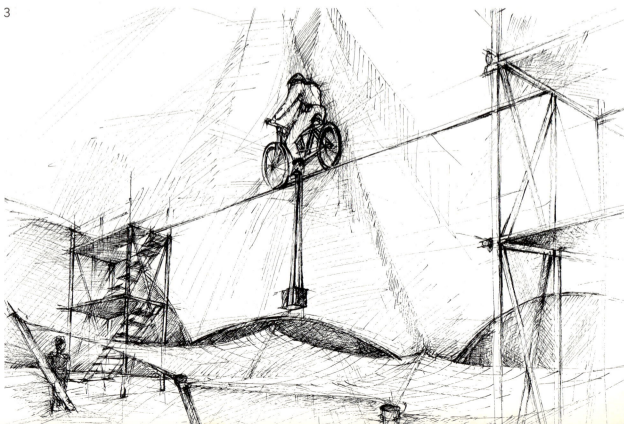

3

190

Mit dem Fahrrad auf dem Hochseil

Der Seilbahnexperte Willy Habegger gab telefonisch die notwendigen Daten für das Experiment an: 9 Tonnen Zugkraft müsse das Seil haben, damit es bei der Traversierung mit dem Fahrrad nicht nachgebe, aber weiter könne er sich mit dieser Anlage aus zeitlichen Gründen nicht beschäftigen. Die Verlegenheit war gross, und was nützten uns die beiden umgebauten alten Postfahrräder ohne das Hochseil! Eines Tages sprach es sich auf dem Ausstellungsgelände herum, das Hochseil sei komplett installiert. Das war für alle Beteiligten eine gewaltige Überraschung. Willy Habegger hatte diese beeindruckende Anlage – nach Feierabend – installiert, und alles war so unauffällig und schnell vor sich gegangen, dass die Arbeit gar nicht bemerkt worden war. Die ersten Probefahrten bedeuteten trotz allen Sicherheitsmassnahmen eine Mutprobe, aber zur Erleichterung der Ausstellungsleitung bewährte sich die Theorie in der Praxis.

Eigenbau und Lehrlingsarbeit

Neben einem eigenen Modellbauatelier, das bereits im Herbst 1982 in Betrieb genommen wurde, standen uns kleinere Werkstätten sowie ein Montageplatz am linken Zürichseeufer zur Verfügung. Die Bereichsleiter Pierre Crettaz, Hans Denzler und Markus Rigert beteiligten sich selbst am Objektbau, führten Versuche durch und konstruierten neue Exponate. Ihnen zur Seite standen unser Ingenieur Werner Kastenbein und der Ausstellungsgestalter Nikolaus Schwabe, der mit vielen eigenen Entwicklungen insbesondere im Sektor Optik wichtige Akzente setzte.
Eine enorme Erleichterung boten uns zahlreiche Lehrwerkstätten im Kanton Zürich, aber auch auswärtige Betriebe, die kostspielige mechanische Teile und Apparate für uns herstellten. Nur auf diesem Wege war es möglich, den gesamten Objektbau zu bewältigen und die Kostenseite einigermassen im Gleichgewicht zu halten.

1/2 Der grosse Spiegel für den Sonnenmotor wird von Lehrlingen der ETH vor den Zelten montiert.

3 Skizze vom Fahrrad auf dem Hochseil.

4 Lehrlinge der SRO Kugellagerwerke sind stolz auf die von ihnen hergestellten Drehscheiben und Drehstühle.

5 Hier entsteht der Bronceguss-Körper für das Foucault-Pendel.

Für einmal kam der Flügel samt Pianist durch die Luft. Roland Guéneux spielte zur Eröffnung eine Konzertétude von Franz Liszt.

Dank nach vielen Seiten

Das Zustandekommen der PHÄNOMENA, die grosse Hilfsbereitschaft und das Vertrauen, das uns von verschiedensten Seiten in so reichem Masse entgegengebracht wurde, erfüllt uns mit Dankbarkeit.
In unseren herzlichen Dank möchten wir jeden einzelnen Handwerker, Forscher und Lehrer, Künstler und Gönner miteinschliessen. Die PHÄNOMENA ist ein Gemeinschaftswerk vieler, die alle nach bestem Vermögen und mit Begeisterung einer nicht alltäglichen Veranstaltung zum Durchbruch verholfen haben. Gerade diese Art des Zusammenwirkens, das grosse ideelle Engagement von mehreren hundert Persönlichkeiten, Institutionen und Firmen ist wohl eines der bemerkenswertesten Phänomene der PHÄNOMENA.
Wir sind beeindruckt vom persönlichen Einsatz unseres Stadtpräsidenten, Dr. Thomas Wagner. Er hat unser Vorhaben bereits in der ersten Vorbereitungsphase mit politischem Mut und Initiative unterstützt und die Ausstellungsidee zu seinem eigenen Anliegen gemacht. Beeindruckt hat uns auch die uneingeschränkte Hilfsbereitschaft unseres wissenschaftlichen Beraters, Prof. Dr. Maurice Martin, und der grosse Einsatz des Forschungsleiters am ETH-Institut für Hydromechanik und Wasserwirtschaft, Dr. Albert Gyr.
Die notwendigen finanziellen Mittel zu beschaffen, machte uns viel Mühe. Wohl ging der Stadtrat mit einem grosszügigen Unterstützungsantrag, der von Gustav Huonker im Gemeinderat mit Enthusiasmus verfochten und zur Annahme gebracht wurde, allen späteren Gönnern voraus. Doch die allgemeine Wirtschaftslage warf ihre Schatten auch auf unsere Bemühungen, Donatoren zu finden. Wiederum war es der Stadtpräsident, der in Zusammenarbeit mit Nationalrat Ulrich Bremi, Alt-Nationalrat Hans Rüegg und Bankier Dr. Hans Vontobel in beharrlicher Kleinarbeit die finanzielle Basis festigen half.
All diesen Persönlichkeiten sei für ihre grosse Hilfe herzlich gedankt. Besonderer Dank gebührt dem Künstler Johannes Peter Staub, dem Gestalter der Ausstellungsbauten und des Ausstellungsgeländes, Nikolaus Schwabe für die Ausstellungsgestaltung und seine wesentlichen Objektbeiträge sowie Willi Ebinger für den Innenausbau und die technische und künstlerische Koordination.
Bewundernswürdig und verdankenswert war der Einsatz der Lehrlinge des Physik-Departementes der ETH Zürich, die unter der Leitung von Rolf Raess und der Ägide von Dr. H. R. Ott den grossen Sonnenspiegel bauten – ein Unterfangen, von dem so viele Kleinmütige überzeugt waren, dass es niemals zustande kommen würde. Wesentliche Anregungen sind dem Technischen Leiter der Wilhelm-Foerster-Sternwarte in Berlin, Dipl. Math. B. Wedel, zu verdanken. Zum guten Gelingen setzten sich verschiedene Abteilungen unserer Stadtverwaltung ein, und wir fühlen uns insbesondere dem Hochbauinspektorat, dem Elektrizitätswerk, der Stadtpolizei, dem Strasseninspektorat, dem Gartenbauamt und der Präsidialabteilung in Dankbarkeit verbunden. Hervorzuheben sind schliesslich die Leistungen der Firmen Wild Heerbrugg AG in Heerbrugg, Ugimag Recoma AG in Lupfig, Eternit AG in Niederurnen, Aufzüge + Motorenfabrik Schindler AG in Ebikon und Carl Zeiss in Oberkochen BRD/Zürich.
Der Dank wäre unvollständig, würden hier die Mitarbeiter des Zürcher Forums übergangen. Sie seien deshalb namentlich aufgeführt, weil sie sich mit dem grossen Unternehmen vorbehaltlos identifiziert und mitunter über Monate hinweg eine Sechzig- und Siebzigstundenwoche stillschweigend in Kauf genommen haben. Es sind dies Gertrud Bauhofer, Michael Brons, Jürg Jucker, Christine Marte und Christine Schneider.
Noch viele Persönlichkeiten, Institutionen und Firmen, die alle für die PHÄNOMENA ihr Bestes gaben, verdienen dankbare Erwähnung. Sie sind im Impressum und auf den Listen der Mitwirkenden und Gönner einzeln aufgeführt.

Georg Müller

Impressum

Veranstalter:
Zürcher Forum

Idee, Konzept und Gesamtleitung:
Georg Müller

Gestaltung der Ausstellungsbauten:
Johannes Peter Staub

Ausstellungsgestaltung:
Nikolaus Schwabe

Innenausbau/Gestaltung:
Willi Ebinger

Wissenschaftliche Beratung:
Prof. Dr. Maurice Martin

Konzeptbearbeitung:
Dr. Albert Gyr
Prof. Dr. Maurice Martin
Nikolaus Schwabe

Örtliche Ausstellungsleitung:
Michael Brons

Kaufmännische Leitung:
Jürg Jucker

Technische Leitung:
Peter Fraefel

Architektonische Beratung:
Peter Angst-Obi, Zürich

Projektleiter:
Wasser:	Markus Rigert
Optik:	Pierre Crettaz
Mechanik:	Roland Neff
Akustik/Harmonik:	Hans Denzler
Sichtbare Mathematik:	Caspar Schwabe
Kristalle:	Christine Marte
Meteorologie:	Schweiz. Meteorologische Anstalt, Zürich
Mineralienschau:	Hansjakob Siber
Photosynthese:	Institut für Pflanzenbiologie der Universität Zürich
Spielbereich:	Christoph Gassmann/ Dölf Aebersold
Ingenieurarbeit:	Werner Kastenbein
Objektbau:	Michael Heinzer
Werkstattchef:	Hanspeter Märkli
Bauführung:	Andreas Rau

Spielbereich und künstlerische Beiträge:
Kaleidoskopraum, Riesenturner, Elefant, Klanggang, Stammlabyrinth:	Thomas Dubs, Meilen
Lehmbogen:	ETHZ Institut für Hochbautechnik
Illusionsräume/ optische Täuschungen:	Schule für Gestaltung (KGS), Zürich
Spiegelskulptur:	Christian Megert, Bern
Granitpyramide:	Paul Sieber, Zürich
Uferklavier:	Kuno Seethaler, Bern
Kugelbrunnen:	Christian Mayer, München
Windspiele:	Markus Rigert, Winterthur

Sekretariat Zürcher Forum:
Christine Schneider, Gertrud Bauhofer

Presse, Werbung und Personaladministration:
Christine Marte

Werbegrafik:
Christian Rentschler, Hausen a. A.

MITWIRKENDE

Eidg. Technische Hochschule Zürich

Institut für Aerodynamik, Institut für Astronomie, Institut für angewandte Physik, Laboratorium für Atmosphärenphysik, Institut für Automatik und Industrielle Elektronik, Forschungsgruppe für Biomechanik, Laboratorium für Festkörperphysik, Institut für Geophysik, Institut für Grundbau und Bodenmechanik, Institut für Hochbautechnik, Institut für Hydromechanik und Wasserwirtschaft, Institut für Hygiene und Arbeitsphysiologie, Institut für Leichtbau und Seilbahntechnik, Mathematisches Seminar, Institut für Mechanik, Institut für Kristallographie und Petrographie, Physik-Departement, Turn- und Sportlehrerausbildung, Versuchsanstalt für Wasserbau, Hydrologie und Glaziologie (VAW), Eidg. Anstalt für forstliches Versuchswesen, Birmensdorf (EAFV); Eidg. Anstalt für Wasserversorgung, Abwasserreinigung und Gewässerschutz, Dübendorf (EAWAG); Eidg. Institut für Reaktorforschung, Würenlingen (EIR).

Eidg. Technische Hochschule Lausanne

Département des Matériaux (Polymères)

Universität Zürich

Mathematisches Institut, Institut für Pflanzenbiologie, Anorganisch-chemisches Institut.

HTL Brugg-Windisch

Institute, Museen, Firmen

Astronomische Vereinigung Zürich; Exploratorium, San Francisco; Hochschule für Musik und darstellende Kunst, Wien; Kunming Construction, Kunming; Kunstgewerbeschule der Stadt Zürich; Mathematisch-physikalisches Institut Dr. Georg Unger, Dornach; Metallarbeiterschule Winterthur; Naturhistorisches Museum Basel; Naturhistorisches Museum Bern; Naturhistorisches Museum Luzern; Neu-Technikum Buchs; Ruppenthal AG, Zürich; Schindler AG, Ebikon; Schweiz. Gesellschaft für Stereoskopie, Bern; Schweiz. Lichttechnische Gesellschaft, Zürich; Schweiz. Meteorologische Anstalt, Zürich; Siber und Siber, Aathal; Technorama Winterthur; Ugimag Recoma AG, Lupfig; Verein Deutschschweizer Bienenfreunde; versch. Mitglieder des Spenglermeister- & Installateur-Verbandes der Stadt Zürich und Umgebung; Wild Heerbrugg AG, Heerbrugg; Wilhelm-Foerster-Sternwarte, Berlin.

Beratende und mitwirkende Persönlichkeiten

Paul Adam, Bützberg (†); Alfred Aebersold, Zürich; Dr. med. Kaspar Appenzeller, St. Moritz; Walter Arn, Niederuzwil; Prof. Dr. Reinhard Bachofen, Grüningen; Hans R. Bachofner, Zürich; Dr. J. G. Bednorz, Rüschlikon; PD Dr. Andreas Binder, Egg; Jean-Pierre Bovard, Zürich; Franz Deuringer, Zürich; Tasilo Deyer, Basel; Dr. Werner Egger, Zürich; Martin Egli, Bäretswil; Dr. Pietro Fontana, Solothurn; Walter Frei, Niederrohrdorf; Max Frey, Unterehrendingen; Dr. Kurt Frischknecht, Wangs; Xaver Gnos, Amsteg; Kurt Gysi, Stäfa; Meret Halasz, Zürich; Dr. Rudolf Häsler, Zürich; Samuel W. Jean-Richard, Bern; Rudolf Leuzinger, Zürich; Kurt de Lorenzo, Zürich; Urs Müller, Zürich; Prof. Dr. Jacques Piccard, Cully; Dr. Reinhard Radebold, Berlin; Valentin Sicher, Gurtnellen; Angelika Schüle, Zürich; Wilhelm Scharnowell, Dortmund; Dr. Herbert Sprenger, Zürich; Dr. Rudolf Stössel, St. Gallen; A. + E. Uhl, Zürich; Paul von Känel, Reichenbach, Hansruedi Vontobel, Herrliberg; Dr. Hans Zürrer, Zürich.

Lehrwerkstätten

Contraves AG, Zürich; Elektro-Winkler & Cie AG, Zürich; Feller AG, Horgen; Huber & Suhner AG, Pfäffikon/ZH; Kern & Co. AG, Aarau; LUWA AG, Zürich; Maag Zahnräder AG, Zürich; Mettler Instrumente AG, Greifensee; Oerlikon-Bührle AG, Zürich; Philips AG, Zürich; Rapid Maschinen & Fahrzeuge AG, Dietikon; Reishauer AG, Wallisellen; SBB Lehrlingswerkstatt, Zürich; H. A. Schlatter AG, Schlieren; Schweiter AG, Horgen; Walter Schweizer, Dietikon; Siemens-Albis AG, Zürich; SRO Kugellagerwerke J. Schmid-Roost AG, Zürich; STR Standard Telephon & Radio AG, Au/Zürich; Sulzer AG, Winterthur; Sulzer-Escher-Wyss AG, Zürich; Sulzer-Rüti AG, Rüti; Lehrlingswerkstatt der Verkehrsbetriebe Zürich; Wagons- und Aufzügefabrik Schlieren, Schlieren; Zellweger Uster AG, Uster.

Künstlerische Beiträge

Sandro Del-Prete, Bern; Thomas Dubs, Meilen; Bea Germann, Zürich; Werner Gugolz, Zürich; Manfred Kage, Weissenstein (BRD); Wilfried Maret, Zug; Christian Mayer, München; Christian Megert, Bern/Düsseldorf; René Quellet, Le Landeron; Kuno Seethaler, Bern; Paul Sieber, Zürich; Roman Signer, St. Gallen; Dieter und Ulrike Trüstedt, München; Jakob Weder, Langenthal; Ludwig Wilding, Hamburg; Naoki Yoshimoto, Tokio; Akira Yoshizawa, Tokio.

PHÄNOMENA Patronatskomitee

Folgende Persönlichkeiten haben sich bereit erklärt, dem Patronatskomitee für die PHÄNOMENA anzugehören und sich moralisch für die Durchführung der Ausstellung einzusetzen:

Dr. Th. Wagner, Vorsitz
Stadtpräsident von Zürich

W. Bosshard
Kantonsrat

U. Bremi
Nationalrat

Dr. E. Brugger
Alt-Bundesrat

M. C. Brunner
Gemeinderat von Zürich

B. Burkhardt
Direktor der Schweizerischen Volksbank Zürich

Prof. Dr. M. Cosandey
Präsident des Schweizerischen Schulrates

Prof. Dr. E. Egger
Generalsekretär der Schweiz. Konferenz
der kantonalen Erziehungsdirektoren

K. Egloff
Stadtrat von Zürich

H. Fahrner
Stadtrat von Zürich

P. Felix
Alt-Kantonsrat

H. Frick
Stadtrat von Zürich

K. Gelb
Alt-Kantonsrat

E. Gerber
Direktor des Verkehrsvereins Zürich

Prof. Dr. U. Hochstrasser
Direktor des Bundesamtes für Bildung und Wissenschaft

E. Hofmann
Gemeindepräsident von Zollikon

G. Huonker
Gemeinderat von Zürich

Prof. Dr. R. Jagmetti
Ständerat

Dr. J. Kaufmann
Stadtrat von Zürich

N. Kuhn
Kantonsrat

Prof. Dr. H. Künzi
Regierungsrat

Dr. L. Keller
Präsident der Zürcher Handelskammer

W. Leu
Direktor der Schweizerischen Verkehrszentrale

Frau Prof. Dr. V. Meyer
Pro-Rektor der Universität Zürich

Nationale Schweizerische UNESCO-Kommission

O. Nauer
Nationalrat

W. Nigg
Kantonsratspräsident

Dr. H. Oester
Nationalrat

H. Rüegg
Alt-Nationalrat

E. Rüesch
Präsident der Schweiz. Konferenz
der kantonalen Erziehungsdirektoren

Dr. A. Schellenberg
Rechtsanwalt

A. Schück
Kantonsrat

B. Schürch
Alt-Kantonsrat

Schweizerische Naturforschende Gesellschaft

S. Schwizer
Gemeinderat von Zürich

E. Spillmann
Kantonsrat

Dr. W. Spühler
Alt-Bundesrat

P. Stopper
Kantonsrat

Prof. Dr. B. Vittoz
Präsident der ETH Lausanne

Dr. H. Vontobel
J. Vontobel & Co., Zürich

Frau Dr. E. Welti
Gemeinderätin von Zürich

Dr. S. Widmer
Alt-Stadtpräsident von Zürich

Baukommission

Herren   Ernst Murbach, Vorsitz
              Georges Boesch
              Prof. E. Brem
              Dr. iur. Peter Dilger
              Hugo Gerber
              W. Leibacher
              Jakob Adank
              J. Studhalter

Hauptgönner

Robert Aebi AG, Zürich
APG/Allgemeine Plakatgesellschaft, Zürich
BBC Aktiengesellschaft Brown, Boveri & Cie, Baden
Cellere + Co AG, Zürich
Condecta AG, Winterthur
Eidgenössisches Departement des Innern
Eternit AG, Niederurnen
Ferrowohlen AG, Wohlen
Festo AG, Dietikon
Fietz + Leuthold AG, Zürich
Gemeinde Küsnach
Gemeinde Zollikon
Grambach AG, Zürich
Hasler AG, Bern
Carl Heusser AG, Cham
Leder-Locher AG, Zürich
Genossenschaft Migros, Zürich
Goethe-Stiftung für Kunst und Wissenschaft, Zürich
IBM Schweiz, Zürich
Kanton Zürich
Kontron AG, Zürich
Migros-Genossenschafts-Bund, Zürich
Oeschger AG, Kloten
Orell Füssli Graphische Betriebe AG, Zürich
Joh. Jacob Rieter Stiftung, Winterthur
Maschinenfabrik Rieter AG, Winterthur
Rüd, Blass & Cie, Inhaber Blass & Cie, Zürich
Aufzüge- + Motorenfabrik Schindler AG, Ebikon
Schweizerischer Nationalfonds zur Förderung
der wissenschaftlichen Forschung, Bern
Schweizerische Volksbank, Zürich
Stadt Zürich
Stiftung Landis & Gyr, Zug
Studer Revox-Gruppe, Regensdorf
Gebrüder Sulzer AG, Winterthur
Ugimag Recoma AG, Lupfig
UHAG Übersee-Handel AG, Zürich
Wild + Leitz AG, Zürich
Wild Heerbrugg AG, Heerbrugg
Carl Zeiss, Zürich/Oberkochen BRD
Zürcher Kantonalbank, Zürich

Gönner

Aargauische Hypotheken- & Handelsbank, Zürich
Aare-Tessin Aktiengesellschaft für Elektrizität, Olten
Acifer Regensdorf AG, Regensdorf
Accum AG, Gossau
Adank und Deiss AG, Zürich
Adidas-Sport GmbH, Tagelswangen
Agfa-Gevaert AG, Dübendorf
AKA Mayr AG, Dürnten
Alder + Eisenhut AG, Küsnacht
Aluminium Schweisswerk AG, Schlieren
AMAG Automobil- & Motoren AG, Zürich
Analog Devices SA, Genf
Angst + Pfister AG, Zürich
ARAG Allgemeine Rechtsschutz-Versicherungs AG, Zürich
Arova Lenzburg AG, Lenzburg
Arzethauser & Fritschi AG, Zürich
Auer Bittmann Soulié AG, Zürich
Autophon AG, Zürich
AWI Aussenwerbung Intensiv Klett + Co., Zürich
Awyco AG, Olten
Bachofen AG, Uster

BAG Buchbinderei und Ausrüst AG, Zürich
BAG Turgi, Bronze Warenfabrik AG, Turgi
Bahnhofbuffet Hauptbahnhof, Zürich
Balzers Hochvakuum AG, Zürich
Banca della Svizzera Italiana, Lugano
Bank Cantrade AG, Zürich
Bank Hofmann AG, Zürich
Bank Leumi Le-Israel (Schweiz), Zürich
Bank in Liechtenstein AG, Vaduz
Basler, Versicherungsgesellschaft, Basel
BASF (Schweiz) AG, Wädenswil
Bata-Schuh AG, Möhlin
Baumann & Co., Rüti
Bau-Aktiengesellschaft für Hoch- und Tiefbau, Zürich
Bauer Kassenfabrik AG, Rümlang
B.E.G. Bank Europäischer Genossenschaftsbanken, Zürich
Belfa, Beläge + Farben AG, Glattbrugg
Berndorf Luzern AG, Littau
G. Bianchi AG, Zürich
Bieri Pumpenbau AG, Münsingen
Bioengineering AG, Wald
Black & Decker, Dällikon-Zürich
Bleuel Electronic AG, Unterengstringen
Bolleter & Co. AG, Arbon
Borbe-Wanner AG, Dietikon
Karl Bösch AG, Unterengstringen
Bosshard + Co. AG, Rümlang
Bostitch AG, Zürich
BP (Schweiz) AG, Zürich
Brauerei Feldschlösschen, Rheinfelden
Brauerei Hürlimann AG, Zürich
Bron Elektronik AG, Allschwil
Bucherer AG, Zürich
Ernst Burkhalter Ing. AG, Zürich
Büro-Fürrer AG, Zürich
Burri AG, Zürich
Gebr. Bühler AG, Uzwil
Busag-Clichés Zürich AG, Zürich
Busch-Werke AG, Chur
M. Butti-Müller, Zürich
Câbles Cortaillod SA, Cortaillod
Carba AG, Zürich
Casinelli-Vogel-Stiftung, Zürich
Centrachem AG, Härkingen
Christen AG, Suprema-Waagen, Zürich
Contraves AG, Zürich
Conver Treuhand AG, Zürich
Coralur AG, Zürich
Dätwyler AG, Altdorf
Danzas AG, Basel
Davum Stahl AG, Zürich
Deutsche Bank (Schweiz) AG, Zürich
Alois K. Diethelm AG, Brüttisellen
Diethelm Eggbühl AG, Zürich
Distrelec AG, Zürich
Donnerstag Heinz, Buchbinderei, Zürich
Dow Chemical Europe, Horgen
3M (Schweiz) AG, Zürich
Druckerei Wetzikon AG, Wetzikon
Edak AG, Dachsen
Egli, Fischer & Co. AG, Zürich
EgoKiefer AG, Altstätten/Zürich
Elektrobaer, Zürich
Electrolux AG, Zürich
Elektrowatt AG, Zürich
Elektro-Winkler & Cie AG, Zürich
Eloxierwerk Aloxyd, Grosshöchstetten
Ems-Chemie AG, Zürich

G. H. Endress, Arlesheim
Erni & Co., Brüttisellen
Esso (Schweiz), Zürich
ETA Groupe de fabriques d'Ebauches SA, Grenchen
Exponorm/R. Zwissler, St. Gallen
Favre & Co. AG, Wallisellen
FELA E. Uhlmann AG, Thundorf
Feller AG, Horgen
Fides Treuhandgesellschaft, Zürich
Finter Bank Zürich, Zürich
Julius Fischer AG, Zürich
Forbo Betriebs AG, Zürich
Forming AG, Möhlin
Franke AG, Aarburg
Fosag AG, Zürich
C. Gartenmann + Cie AG, Zürich
Geberit AG, Jona
Geiser AG, Zürich
Gemeinde Birmensdorf
Gemeinde Erlenbach
Gemeinde Uitikon
Genossenschaft Hammer, Zürich
Gerodur AG, Benken
Göhner AG, Zürich
Ernst Göhner Stiftung, Risch/Zürich
Griesser AG, Aadorf
Grob-Holz AG, Dietikon
Grossenbacher Zürich AG, Zürich
Frau Lotte Günthart, Regensberg
Dr. W. A. Günther, Zollikon
Gübelin S.A., Zürich
Gutor AG, Wettingen
Willy Habegger AG, Thun
Hädrich AG, Zürich
Häring & Co. AG, Pratteln
AG Heinr. Hatt-Haller, Zürich
H. + A. Hefti AG, Zürich
Hesta AG, Zug
Hotel Bellerive au Lac, Zürich
Hotel Eden au Lac, Zürich
HOWEG AG, Grenchen
Huber & Suhner AG, Pfäffikon/ZH
Hug & Söhne AG, Zürich
Huber Transformatoren AG, Buchs
Hulftegger & Co. AG, Stäfa
Hunziker & Cie. AG, Zürich
Hypothekar- und Handelsbank Winterthur, Winterthur
IBM Forschungslaboratorium, Rüschlikon
I.C.I. (Switzerland) AG, Zürich
Ikea AG, Spreitenbach
Ilford AG, Fribourg
IMPACTA, Bern
Impag Aktiengesellschaft, Zürich
Indupro AG, Dietikon
Integra AG Zürich, Wallisellen
Robert Iten AG, Birmensdorf
Gebr. Itschner AG, Zürich
Jecklin & Co. AG, Zürich
Ernst Jost AG, Dübendorf
Charles Jourdan International AG, Zürich
Jubiläumsstiftung der Schweiz. Mobiliar Versicherungs-
   Gesellschaft, Bern
Jubiläumsstiftung der Versicherungsgesellschaften
   «Zürich»/Vita/Alpina
Kaltbrunner AG, Grenchen
Kanton Obwalden
Keller & Frei & Co. AG, Zürich
Conrad Kern AG, Regensdorf

Kessler Geleise- und Tiefbau, Zürich
Kienast Reprografie AG, Zürich
Albert Kislig, Seilerei, Winterthur
Kodak SA, Lausanne
Köhler Wulf, Unterwasserfilmgeräte, Darmstadt BRD
Dr. Ing. Koenig AG, Dietikon
KOIT AG, Hütten
Kraftwerke Hinterrhein AG, Thusis
Krups Handels AG, Itingen
Küchler + Co AG, Zürich
Hch. Kuhn Metallwarenfabrik AG, Rikon
Künzler Elektronik, Brugg
Künzli Metalldrückerei, Rosenthal
Kummler + Matter AG, Zürich
Reisebüro Kuoni AG, Zürich
Landert-Motoren AG, Bülach
J. Langenbach AG, Lenzburg
Laser-Work AG, Pfungen
Leybold-Heraeus AG, Bern
Lenzlinger Söhne AG, Uster
Liebi AG, Bern
Lienhard Söhne AG, Zürich
Lignoform Formsperrholz AG, Benken
LIGNUM, Schweiz. Arbeitsgemeinschaft für das Holz, Zürich
Jakob Lips AG, Urdorf
Lista AG, Erlen
Luginbühl Peter, Haldenstein
LUWA AG, Zürich
Luzerner Neuste Nachrichten, Luzern
Maag Technic AG, Dübendorf
Maag-Zahnräder AG, Zürich
Walter Mäder AG, Killwangen
Mädler Normantriebe AG, Feuerthalen
Magazine zum Globus, Zürich
Mauch-Elro-Werke AG, Bremgarten
Marbet & Cie AG, Gunzgen
MBA Maschinen- und Bahnbedarf AG, Dübendorf
Meier + Jäggi AG, Zürich
Mercedes-Benz Automobil AG, Zürich
Merk AG, Dietikon
Merker AG, Baden
Merz-Meyer AG, St. Margrethen
Mesotron AG, Spreitenbach
A. Messerli AG, Glattbrugg
Metallgiesserei Ruckstuhl AG, Wetzikon
Metallwerke AG, Dornach
Methrom AG, Herisau
Mettler Instrumente AG, Greifensee
Gebrüder Meier AG, Zürich
Miele AG, Spreitenbach
Migrol-Genossenschaft, Zürich
Mineralquelle Eptingen AG, Sissach
Minimax AG, Dübendorf
Modulator SA, Liebefeld
Mobag Generalunternehmung AG, Zürich
Möbel Pfister AG, Suhr
Motor-Columbus AG, Baden
Mühlebach AG, Lupfig
J. C. Müller AG, Zürich
Max Müller Autogenwerk, Horgen
Müller & Moser AG, Reinach
Multronic Zürich AG, Zürich
Musik Hug AG, Zürich
NCR (Schweiz), Zürich-Wollishofen
Neue Warenhaus AG, Zürich
Gebr. Niedermann AG, Zürich
Nikon AG, Küsnacht
Nordfinanz-Bank, Zürich

Notz AG, Brügg/Biel
R. Nussbaum AG, Olten/Zürich
Robert Ober AG, Zürich
Obwaldner Kantonalbank, Sarnen
Ochsner-Engros AG, Dietikon
Oerlikon-Bührle AG, Zürich
Olivetti (Schweiz) AG, Zürich
Omni Ray AG, Zürich
Orell Füssli Werbe AG, Zürich
Osram AG, Winterthur
Ozalid AG, Zürich
Paiste AG, Nottwil
Papierfabrik Perlen, Perlen
Permapack AG, Rorschach
Pestalozzi & Co. AG, Dietikon
Pfister + Langhans Handelsgesellschaft mbH,
  Holzkirchen (BRD)
Philips AG, Zürich
Pneu-Matti AG, Zürich
POLAFI R. Lieb, Widen
E. G. Portland, Zürich
Pneumotech AG, Fällanden
Printhouse AG, Kilchberg
Publicitas, Chur
Radium Chemie AG, Teufen
P. Raffainer, Zürich
Raffainer + Nötzli AG, Zürich
Rank Xerox AG, Zürich
Rapid Maschinen und Fahrzeuge AG, Dietikon
Reichhold Chemie AG, Hausen
Reishauer AG, Wallisellen
Walter Rentsch AG, Dietlikon
Reprotechnik Kloten AG, Kloten
Rivella AG, Rothrist
Rössler AG, Ersigen
Rothpletz Lienhard & Cie AG, Aarau
Rothschild Bank AG, Zürich
Rolba AG, Wetzikon
Roth & Kippe, Zürich
Rothmayr Installationen Zürich AG, Zürich
Rosta AG, Hunzenschwil
Rüegg-Nägeli + Cie AG, Zürich
K. Rütschi AG, Brugg
Sager & Cie, Dürrenäsch
Sais, Zürich
Salvis AG, Reussbühl
Sarna Kunststoff AG, Sarnen
Sauber & Gysin AG, Zürich
Sauter Edelstahl AG, Zürich
SBB Lehrlingswerkstätte, Zürich
Scana Lebensmittel AG, Regensdorf
Schafir & Mugglin AG, Zürich
Jakob Scherrer Söhne AG, Zürich
H. A. Schlatter AG, Schlieren
Schleicher & Schüll AG, Feldbach
Schmidlin AG, Affoltern a/A
Schmid & Wild, Nachfolger Wild & Co. AG, Zürich
Schoeller & Co. Handelsgesellschaft, Zürich
Schweiter AG, Horgen
Walter Schweizer Maschinenbau, Dietikon
Schweizerische Aluminium AG, Zürich
Allega AG, Zürich
Schweizerische Bankgesellschaft, Zürich
Schweizerischer Bankverein, Zürich
Schweizerische Kreditanstalt, Zürich
Schweizerische Lebensversicherungs- und Rentenanstalt,
  Zürich
Schweizerische Naturforschende Gesellschaft, Bern

Schweizerische Rückversicherungs Gesellschaft, Zürich
Schweizerischer Verband Volksdienst, Zürich
Seiler Traiteur, Zürich
Hans Senn AG, Pfäffikon/ZH
Siber Hegner Holding AG, Zürich
Siegfried AG, Zofingen
Siemens-Albis AG, Zürich
Sika AG, Zürich
SKF Schweiz, Zürich
Sollberger Willy, Buchdruckerei, Zürich
Spaltenstein AG, Hoch + Tiefbau, Zürich
Span-Set AG, Hombrechtikon
Speckert + Klein AG, Zürich
Spitzer Elektronik AG, Oberwil
Spring AG, Eschlikon
SRO Kugellagerwerke J. Schmid-Roost AG, Zürich
Sulzer-Escher Wyss AG, Zürich
Stadt Rapperswil
Stäfa Ventilator AG, Stäfa
Stahlton AG, Zürich
Standard Telefon u. Radio AG, Au/Zürich
Stanzwerk AG, Unterentfelden
Stäubli AG, Horgen
Willy Stäubli Ingenieur AG, Zürich
Karl Steiner AG, Zürich
Stiftung Pro Helvetia, Zürich
Stump-Bohr AG, Zürich
Südamerikanische Elektrizitäts-Gesellschaft, Zug
Sunlight AG, Olten/Zürich
Sutterlüti AG, Zürich
SUVA, Schweizerische Unfallversicherungsanstalt, Luzern
Swissair Photo + Vermessungs AG, Zürich
Symalit AG, Lenzburg
Tagblatt der Stadt Zürich, Zürich
Tages-Anzeiger, Zürich
Tetra Pak AG, Zürich
Therma Grossküchen AG, Zürich
Toni Molkerei Zürich, Zürich
Typopress Zürich AG, Zürich
Unilever (Schweiz) AG, Zürich
Charles Veillon SA, Lausanne
Verband Zürcher Sand- und Kieslieferanten, Zürich
Verlag Betty Bossi, Zürich
Vereinigte Drahtwerke AG, Biel
Verwaltungs- und Privat-Bank AG, Vaduz
Videlec AG, Lenzburg
Vogel & Meier Segelmacherei, Zürich
Von Roll AG, Gerlafingen
Vontobel Druck AG, Feldmeilen
V-Zug AG, Zug
Atelier Urs Walker, Zürich
S. G. Warburg Bank AG, Zürich
Warner-Lambert (Schweiz) AG, Zürich
Wannerit AG, Bilten
Heinz Weber Autospritzwerk, Zürich
Wäldner AG, Hinwil
A. Welti-Furrer AG, Zürich
Weiss Branco, Zürich
Wipf AG Verpackungen, Volketswil
Wirth Gallo Ingenieur & Co., Zürich
Wirtschafts- und Privatbank, Zürich
Zellweger Uster AG, Uster
Zoologischer Garten, Zürich
Roland Zumstein & Co., Eheim-Pumpen, Zürich
D. Zuffo, Grafiker, Hegnau
Zürcher Papierfabrik an der Sihl, Zürich
Züri-Woche, Glattbrugg
Th. Zürrer & Cie., Zürich

Das Zürcher Forum: Veranstalter der PHÄNOMENA

Das Zürcher Forum (gegründet 1968) erbringt, vermittelt und fördert künstlerische und kulturelle Leistungen.
Es veranstaltet unter anderem Ausstellungen, Konzerte, Dichterlesungen, Kurse, Vorträge, Tagungen sowie Aktionen, um neue Kunstfreunde oder sozial und geographisch benachteiligte Publikumsschichten zu gewinnen. Das Zürcher Forum steht anderen Veranstaltern, die ähnliche Anliegen erfüllen, in bezug auf Programmgestaltung und Organisation beratend bei. Jährlich wiederkehrende Veranstaltungen sind: Extrakonzerte für Behinderte und Betagte im Rahmen der Juni-Festwochen, Orpheus-Konzerte für junge Solisten, Aufführungen mit Volkskunstensembles sowie das Zürcher Kerzenziehen auf dem Bürkliplatz. Neben den jährlich wiederkehrenden Anlässen finden unter anderem auch spontane, kurzfristig angesetzte Veranstaltungen statt.
Das Zürcher Forum hat im Verlaufe seines sechzehnjährigen Bestehens über 800 Veranstaltungen durchgeführt, wobei insgesamt einige tausend Künstler und andere Mitwirkende beschäftigt werden konnten. Eine der wenigen Grossveranstaltungen des Zürcher Forums war die Expo Henry Moore im Jahre 1976; damals konnte das Lebenswerk des englischen Bildhauers Henry Moore ebenfalls in der Parkanlage Zürichhorn in eigens hierzu errichteten Hallen einer breiten Öffentlichkeit zugänglich gemacht werden. Das Bestreben, Künstlerisches mit dem Sozialen zu verbinden, führte zu einer Zusammenarbeit mit karitativen Organisationen. Auch mit der Präsidialabteilung der Stadt Zürich pflegt das Zürcher Forum eine gute Zusammenarbeit. Als gemeinnützige Organisation unter Leitung und Verantwortung ihres Gründers, Georg Müller, kann sie über den Verein Zürcher Forum Subventionen von Stadt und Kanton Zürich entgegennehmen. Der Verein hat es sich auch zur Pflicht gemacht, weitere finanzielle Mittel für das Zürcher Forum zu erwirken, damit es die sich gestellten Aufgaben auf einer gesunden materiellen Grundlage erfüllen kann.

Die Hauptzelte mit der schwingenden Hängebrücke, einem Schallspiegel und dem Echorohr

Objektliste aller Bereiche

Name des Objektes (Objekt-Nr.)/Bereich   Seite

Additive Farbmischung (169)/Optik   108
Ägyptische Wasseruhr (20)/Wasser   34
Amerikanischer
    Zimmermannsknoten (116)/Mathematik
Anamorphosen (5 Objekte) (189)/Illusionszelt   142
Anti-Dezimalwaage (54)/Mechanik   46
Archimedische Körper (108)/Mathematik
Auftriebmessung am Tragflügel (62.5)/Luft
Aufwärtsrollender
    Doppelkegel (119)/Mathematik   45
Automatische
    Wetterstation (193)/Meteorologie   154
Balancierseil (239)/Illusionszelt
Balancierspiele (246)/Im Park
Ball im Luftstrom (60)/Luft   38
Ball im Wasserstrahl (28)/Wasser   33
Barograph (207)/Meteorologie
Bernoulli-Experimente (62)/Luft
Beweglicher Winkelspiegel (135)/Optik
Beweglicher Zerrspiegel (140)/Optik
Beweglicher Oktaeder (113)/Mathematik   86
Bienenwagen (247)/Im Park   131
Camera obscura (148)/Optik
Chemische Gärten (250)/Kristalle
Ch'in (chinesisches
    Saiteninstrument) (85)/Akustik/Harmonik   64
Chinesische Tempelglocke
    (Schwingkessel) (88)/Akustik/Harmonik   66
Chronogeometrische
    Phänomene (112)/Mathematik   77
Cosmobil (252)/Im Park   133
Der kürzeste Weg ist nicht der
    schnellste (42)/Mechanik   47
Doppelbilder (147)/Optik
Doppelhelix (123)/Mathematik
Drehscheibe (2 Objekte) (51)/Mechanik   54
Drehstuhl (2 Objekte) (50)/Mechanik   54
Dreidimensionale Schattenbilder (172)/Optik
Dreiteilung des Winkels (95)/Mathematik   82/83
Drucksäulen (4)/Wasser
Dualitäten-Mobile (Verwandlung von
    Oktaeder in Würfel) (102)/Mathematik
Düsenwagen (36)/Mechanik   49
Echorohr (228)/Akustik/Harmonik/Im Park   130
Eichglas (178)/Optik
Eigenwilliger Spiegel (138)/Optik   117
Ein Spiegelbild geht durch die
    Unendlichkeit (161)/Optik
Eis schmilzt unter Druck (22)/Wasser   24
Elefant (218)/Im Park
Elektrisch erregte
    Klangbilder (76)/Akustik/Harmonik   68
Elektronischer Balancierstab (47)/Mechanik   46
Erdinduktion (57)/Mechanik   56

Europäischer
    Zimmermannsknoten (115)/Mathematik
Experimente im Sonnenlicht (150)/Optik   104/105
Experimente mit
    Abbildungsmassstäben (158)/Optik   113
Experimente mit der Tiefenschärfe (160)/Optik   115
Farbige Schatten (171)/Optik   108
Farbzerlegung des weissen Lichts (154)/Optik
Flächengleiche Polygone (121)/Mathematik   74
Flettner-Rotor (62.6)/Luft   37
Fliessbilder nach Runge (72)/Kristalle   98/99
Flüssigkeitspendel (18)/Wasser   29
Formgleiche Schwimmkörper mit
    unterschiedlichen Gewichten (1)/Wasser
Foucault-Pendel (33)/Mechanik   48
Freihängende Saite (241)/Akustik/Harmonik   67
Galileische Fallversuche (237)/Mechanik/Im Park   52
Galileisches Pendel (35)/Mechanik   44
Gaswechsel der Pflanze (211)/Photosynthese   151
Geometrische Optik mit Sammel- und
    Zerstreulinse (153)/Optik
Geometrische Optik mit Spiegeln (152)/Optik
Gesetz der Winkelkonstanz (243)/Kristalle   96
Glocke im Vakuum (93)/Akustik/Harmonik   66
Granit-Pyramide (216)/Im Park   129
Gravitationslift (244)/Im Park/Mechanik   51
Grosse Fresnel-Linse (142)/Optik   123
Grosser Gong (257)/Bambusturm   58/59
Haarhygrometer (195)/Meteorologie
Hängebrücke (227)/Mechanik/Im Park   133
Hängender Leiter im Magnetfeld (37)/Mechanik   56
Harmonikale Gesetze in der
    Architektur (82)/Akustik/Harmonik   64/65
Harmonograph (183)/Illusionszelt   140
Helmholtz-Resonatoren (86)/Akustik/Harmonik   66
Hohlspiegel-Experiment (143)/Optik
Hüpfpendel (34)/Mechanik
Hydraulischer Widder (31)/Wasser   28
Hydrostatisches Paradoxon (30)/Wasser   24
Hygrometer in der Natur (194)/Meteorologie   154
Impulsschaukel (230)/Mechanik/Im Park   128
Industrieller Windmesser (201)/Meteorologie   155
Informationstisch (192)/Meteorologie
Interferenzfarben an einer
    Seifenhaut (156)/Optik   106/107
Interne Wellen (17)/Wasser   29
Kaleidoskop-Beobachtungs-
    raum (259)/Bambusturm   162
Kettenlinienbogen (104)/Mathematik   76
Klangbilder nach
    Chladni (77)/Akustik/Harmonik   68/69
Klanggang (223)/Im Park   129
Klingendes
    Lambdoma (87)/Akustik/Harmonik   60/61
Kreisel (2 Objekte) (48)/Mechanik
Kristalle im polarisierten Licht (99)/Kristalle   102/103
Kristalle unter dem Stereomikroskop (73)/Kristalle
Kristallisation im Modellversuch (67)/Kristalle   96
Kristallisation von Jod (70)/Kristalle   97
Kristallobotanik (100)/Kristalle   101
Kristallstruktur-Modelle (65)/Kristalle

Kristallsysteme und
    Kristallklassen (71)/Kristalle   92/93
Kristallzüchtung (64)/Kristalle   95/97
Kugelbrunnen (231)/Im Park/Wasser   133
Kugelspiegel/Hohlspiegel (134)/Optik   117
Künstlich erzeugte Schwerkraft (29)/Wasser   28
Lamellenspiegel für Lichtführung (151)/Optik
Lebensrad (Stroposkop) (264)/Illusionszelt
Lehmbogen (224)/Im Park   126/127
Licht sieht man nicht (167)/Optik   113
Lissajous-Figuren am Monochord mit
    Laserstrahl (90)/Akustik/Harmonik   62
Lissajous-Pendel (Synograph) mit
    2 Pendeln (91)/Akustik/Harmonik   63
Lissajous-Pendel (Synograph) mit
    4 Pendeln (267)/Akustik/Harmonik
Lochsirene (78)/Akustik/Harmonik
Logarithmisches
    Lambdoma (89)/Akustik/Harmonik   62
Luftrechner (6)/Wasser
Magnetgelagerte Welle (38)/Mechanik   57
Magnetpendelkäfig (236)/Mechanik   55
Magnetspieltisch (238)/Mechanik
Mariottsche Flaschen (19)/Wasser
Maxwellsches Pendel (49)/Mechanik
Mechanisches Wellenmodell (249)/Mechanik   44
Mineralien (106 Objekte) (63)/Kristalle   88/89
Minimalflächen an Polyedern (101)/Mathematik   87
Modell eines Chloroplasten (209)/Photosynthese
Modell eines Laubblattes (210)/Photosynthese   150
Mondwand (55)/Mechanik   53
Morgenrot und Himmelblau (176)/Optik
Musikalischer Wasserstrahl (8)/Wasser   23
Niederschlagsschreiber (198)/Meteorologie
Oloid (254)/Mathematik   79
Optische Hebung (174)/Optik   123
Optische Täuschungen (240)/Illusionszelt   145
Optisches Verhalten von Kristall,
    Keramik und Glas (66)/Kristalle
Papierstreifen im Luftstrom (62.1)/Luft   39
Pentakis-Dodekaeder (109)/Mathematik
Perspektive mit beweglichem
    Fluchtpunkt (265)/Optik
Perspektivische Illusion mit
    Lehnstuhl (187)/Illusionszelt
Perspektivische Illusion mit
    Würfeln (188)/Illusionszelt   142
Perspektivische Täuschung (182)/Illusionszelt   143
Pflanze als Baustoff (215)/Photosynthese
Pflanze als Brennstoff (214)/Photosynthese
Pflanze als Grundlage der
    Ernährung (213)/Photosynthese
Pflanze in allen
    Lebensräumen (212)/Photosynthese
Phosphoreszierender Raum
    (Schattenbildkabinett) (141)/Optik   122
Planetenwaagen (6) (53)/Mechanik   53
Platonische Körper (107)/Mathematik
Polarheliostat (Experimente im
    Sonnenlicht) (127)/Optik   17/111
Polychord, neunsaitig (83)/Akustik/Harmonik   65

200

Prismenbrillen (136)/Optik	109	
Pythagoräischer Lehrsatz (122)/Mathematik		
Quadratur des Kreises (96)/Mathematik	82/83	
Radiometer (203)/Meteorologie		
Rasterelektronenmikroskop (98)/Kristalle	101	
Raumbilder nach Ludwig Wilding (6 Objekte) (149)/Optik		
Raumbildschirm (173)/Optik	114	
Räumliche Täuschung mit 2 Masken (146)/Optik	122	
Regenmesser (206)/Meteorologie		
Resonanzpendel (52)/Mechanik	45	
Riesenkaleidoskop (137)/Optik	116	
Riesenturner (219)/Im Park	2	
Rollversuche auf schiefer Ebene (45)/Mechanik	47	
Rotierende abgerundete Quadrate (260)/Illusionszelt	140	
Rotierende Farbscheibe (261)/Illusionszelt	140	
Rotierende Farbscheiben nach Weder (162)/Optik	111	
Rotierende Sichelformen (186)/Illusionszelt	140	
Rotierende Spirale (185)/Illusionszelt	140	
Rotierender Wasserzylinder (26)/Wasser	30/31	
Rottsches Pendel (32)/Mechanik	44	
Rückstosswagen mit Holzkugeln (41)/Mechanik	43	
Rückstosswagen mit pendelnder Kugel (253)/Mechanik	44	
Sanddünenkanal (23)/Wasser	34	
Sandschichtungstafeln (3 Objekte) (13)/Wasser	35	
Savonius-Rotoren (251)/Bambusturm/Im Park	135	
Schadstoffe in der Luft (262)/Im Park	131	
Schallarmer Raum (74)/Akustik/Harmonik	66	
Schallübertragung mit Hohlspiegel (75)/Akustik/Harmonik	66	
Schaubilder komplexer Funktionen (80)/Mathematik	84/85	
Schlieren-Projektion (9)/Wasser	28	
Schmelzen und Wachsen von Kristallen (69)/Kristalle		
Schnur im Luftstrom (61)/Luft	38	
Schwebende Röhren (124)/Mathematik		
Schwebende Scheibe im Luftstrom (62.2)/Luft		
Schwingende Saite mit Drehspiegel (92)/Akustik/Harmonik	62	
Schwingende Wassersäule, thermisch angeregt (58)/Luft		
Schwingstäbe (79)/Akustik/Harmonik		
Seismographische Messungen (40)/Mechanik		
Soma-Würfel (118)/Mathematik		
Sonnenkollektoren (43)/Mechanik	41	
Sonnenscheinautograph (197)/Meteorologie		
Sonnenspiegel-Sonnenmotor (232)/Mechanik/Im Park	40	
Sonnenwarte (222)/Im Park	156/157	
Spannungsoptische Versuche (3 Objekte) (163)/Optik	111	
Sphärisches Dreieck (105)/Mathematik	75	
Spiegel oder Fenster? (168)/Optik	112	
Spiegeldom (106)/Mathematik	72/73	
Spiegel-Labyrinth (269)/Bambusturm	163	
Spiegelskulptur (217)/Im Park	129	
Spiegeltische für Versuche mit dem Laserstrahl (155)/Optik		
Spiegelwände konkav (190)/Illusionszelt		
Spiegelwände konvex (191)/Illusionszelt		
Springbrunnen mit Sonnenenergie (46)/Mechanik	41	
Stabilisiertes Fahrrad auf dem Hochseil (248)/Mechanik/Illusionszelt	141	
Stammlabyrinth (226)/Im Park	133	
Stationsbarometer (208)/Meteorologie		
Stehendes Kaleidoskop (129)/Optik	121	
Stereoskopie (5 Objekte) (165)/Optik		
Stereoskopie durch Spiegelung (179)/Illusionszelt		
Stereoskopisches Panoptikum (266)/Illusionszelt		
Strömungswannen (5 Objekte) (2)/Wasser	26/27	
Subtraktive Farbmischung (170)/Optik	108	
Symmetriespiegel (132)/Optik	118	
Symmetrische Querschnitte im Luftstrom (62.3)/Luft		
Synthetische Kristalle (68)/Kristalle		
Taylor-Wirbel (15)/Wasser	24	
Technische Photosynthese (220)/Im Park	152/153	
Temperaturmessung (204)/Meteorologie		
Tetraeder, die sich endlos umstülpen lassen (256)/Mathematik		
Thermohygrograph (205)/Meteorologie		
Thermosyphonanlage mit Sonnenkollektoren (44)/Mechanik		
Tisch mit schwingenden Nägeln (258)/Bambusturm	162	
Tönende Luftsäule, thermisch angeregt (59)/Luft	39	
Tonoskop (242)/Akustik/Harmonik	68	
Totalreflexion mit Laserstrahl (157)/Optik	109	
Tragflügel im Luftstrom (62.4)/Luft	36/37	
Tripelspiegel (130)/Optik	120	
Trümmerschrift (166)/Optik		
Uferklavier (234)/Im Park/Wasser	131	
Umkehrbrille (175)/Optik		
Umstülpbarer Würfelgürtel (111)/Mathematik	78	
Unendliches Spiegelbild (133)/Optik	118	
Veränderungen der Irisblende im Auge (159)/Optik		
Verdoppelung des Würfels (97)/Mathematik	82/83	
Verdoppelung des Würfels (Modell) (94)/Mathematik	82/83	
Versenkter Hohlspiegel (139)/Optik		
Volumen-Vergleiche: Zylinder, Kugel, Kegel (114)/Mathematik	75	
Wabengebilde nach Carl Kemper (117)/Mathematik	80	
Wackelpolyeder (110)/Mathematik	81	
Wahrscheinlichkeitsspiel mit der Zahl Pi (103)/Mathematik	77	
Wassercomputer (5)/Wasser	25	
Wasserdrucksäule (235)/Wasser/Im Park	17	
Wasserglocke (233)/Wasser/Im Park	19	
Wasserglocke (Modell) (21)/Wasser	18	
Wasserparabel (27)/Wasser		
Wasserprisma (164)/Optik	109	
Wasserscheibe aus 2 Wasserstrahlen (7)/Wasser	23	
Wasserschloss (14)/Wasser	20	
Wasserstoffspektrum (81)/Akustik/Harmonik		
Wasserstrahl als Lichtleiter (11)/Wasser	32	
Wasserstrahl als Tonleiter (16)/Wasser	24	
Wellenkanal (12)/Wasser	21	
Wetterhütte (200)/Meteorologie		
Wetterstationen (3 Objekte) (221)/Meteorologie/Im Park	154	
Windanzeigegerät (196)/Meteorologie	155	
Windmesser (196)/Meteorologie	154	
Windschnecken (225)/Im Park	131	
Windspiele rund um den Bambusturm (268)/Bambusturm	135	
Winkelgeschwindigkeit der Planeten (84)/Akustik/Harmonik	64	
Winkelspiegel horizontal (125)/Optik	119	
Winkelspiegel seitenrichtig (126)/Optik		
Wirbel mit Antriebsschraube (25)/Wasser	30/31	
Wirbelkaskade (10)/Wasser	30	
Wirbelstrombremse (39)/Mechanik	56	
Wirbelwanne (3 Objekte) (3)/Wasser		
Wirbelwind-Trommel (245)/Mechanik		
Wirbelzylinder mit Zulauf und Abfluss (24)/Wasser	30/31	
Wolkenbilder (202)/Meteorologie		
Wunderscheibe (Traumatrop) (263)/Illusionszelt	142	
Wundertrommel (Praxihoskop) (181)/Illusionszelt	142	
Würfelspiel (131)/Optik	120	
Yoshimoto-Parallelogramm (120)/Mathematik		
Yoshimoto-Würfel (255)/Mathematik	80	
Zentrifuge zur Aufhebung der Schwerkraft (56)/Mechanik	52	
Zerrspiegel konkav (144)/Optik		
Zerrspiegel konvex (145)/Optik		
Zerrspiegel (6 Objekte) (184)/Illusionszelt		
Zerr-Raum (180)/Illusionszelt	143	
Zwei grosse Schallspiegel (229)/Im Park/Akustik/Harmonik	130	
Zwölffach-Spiegel (128)/Optik	120	
Zwölfteilige Farbscheibe (177)/Optik		

Diese Liste umfasst sämtliche Exponate der PHÄNOMENA, auch diejenigen, welche in diesem Katalog nicht beschrieben sind. Einzelne Exponate sind nach der Erstellung der Grundrisspläne zusätzlich in die Ausstellung einbezogen worden und deshalb auf diesen Plänen nicht eingetragen.

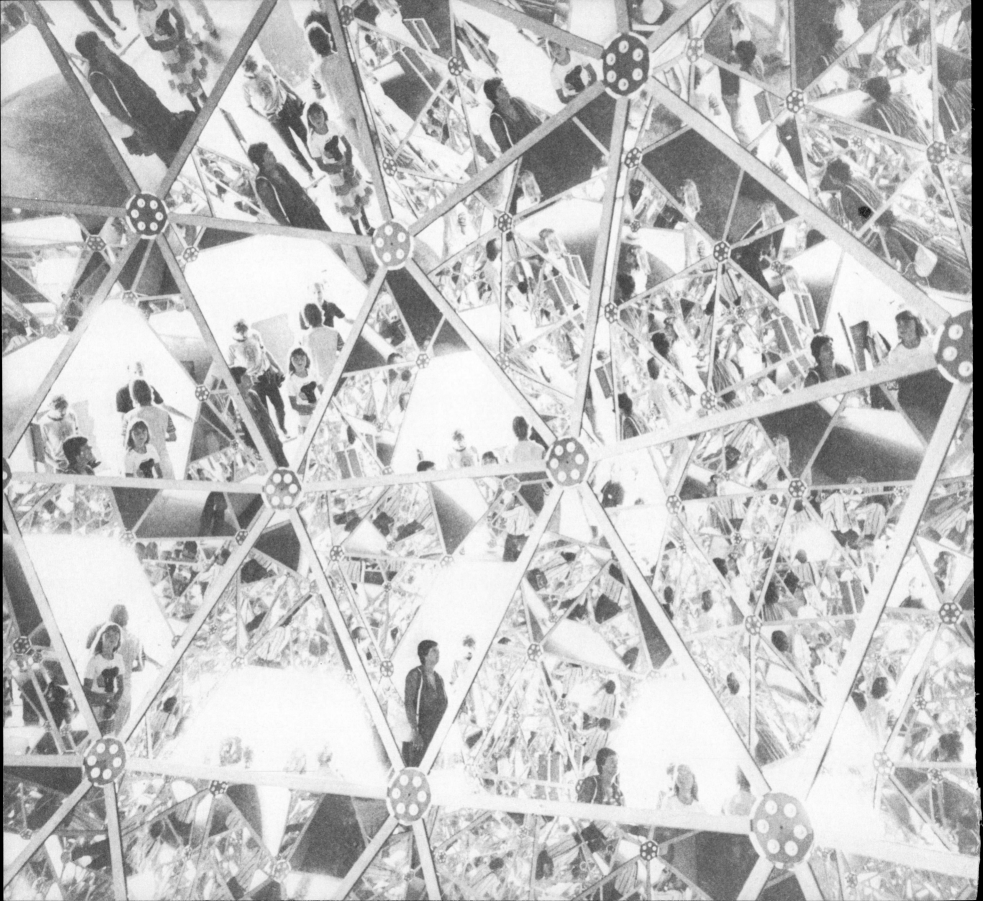